江苏水文化丛书

水与建筑

WATER AND ARCHITECTURE

水文化丛书编委会 编

河海大学出版社
HOHAI UNIVERSITY PRESS
·南京·

图书在版编目（CIP）数据

水与建筑 / 水文化丛书编委会编 . -- 南京 : 河海大学出版社 , 2019.12

ISBN 978-7-5630-6242-3

Ⅰ . ①水… Ⅱ . ①水… Ⅲ . ①古建筑—建筑艺术—江苏 Ⅳ . ① TU-092.953

中国版本图书馆 CIP 数据核字（2019）第 284727 号

书　　名 / 水与建筑

书　　号 / ISBN 978-7-5630-6242-3

策划编辑 / 朱婵玲

责任编辑 / 江　娜　曾雪梅

装帧设计 / 杭永红　矣静璇

出版发行 / 河海大学出版社

网　　址 / http://www.hhup.com

地　　址 / 南京西康路 1 号（邮编：210098）

电　　话 /（025）83737852（总编室）

（025）83722833（营销部）

排　　版 / 南京布克文化发展有限公司

印　　刷 / 江苏河海印务有限公司

开　　本 / 787 毫米 ×1092 毫米 1/16

印　　张 / 16.75

字　　数 / 260 千字

版　　次 / 2019 年 12 月第 1 版

印　　次 / 2019 年 12 月第 1 次印刷

定　　价 / 85.00 元

滨水景观与山水名胜建筑分布

阅江楼：南京狮子山

聚沙塔：常熟市梅里古镇

海春轩塔：东台市西溪古镇

镇淮楼：淮安市中心，镇淮楼东路一号

清江浦楼：清江浦景区中洲岛

文通塔：淮安市城西勺湖公园

月塔：涟水县城东北月塔村

黄楼：徐州市黄河南路故黄河公园

玄武湖风景区：南京市玄武区

鼋头渚：无锡市大浮镇

北固山景区：镇江市东北江滨

瘦西湖景区：扬州市西北郊

水乡民居建筑分布

秦淮河房：南京秦淮区中华门内镇淮桥西北的糖坊廊

杨柳村：南京江宁区湖熟街道

东山民居：苏州吴中区东山镇

敬业堂：苏州昆山市周庄镇

师俭堂：苏州吴江区震泽镇

春在楼：苏州吴中区东山镇

青果巷民居：常州市区南部

扬州盐商住宅：扬州老城区

郝氏宗祠及住宅：盐城盐都区葛武镇

户部山古建筑群：徐州云龙区项王路

水与园林建筑

瞻园：南京市秦淮区（瞻园路）

拙政园：苏州东城娄门内东北街

网师园：苏州阔街头巷

沧浪亭：苏州市城南三元坊

寄畅园：无锡市西郊惠山东麓

水绘园：南通市如皋古城东北隅

日涉园：泰州市老城区

何园：扬州老城区南河下街区

个园：扬州城区盐阜东路

清晏园：淮安市区西大街

水与祠庙佛寺建筑

夫子庙：南京市秦淮区秦淮河北岸贡院街旁

崇教兴福寺塔：苏州常熟大东门塔弄内

浏河天妃宫：苏州太仓浏河镇新东街

惠山镇祠堂：无锡市北塘区惠山古镇

南通天宁寺：南通市古城濠河边

泰州城隍庙：泰州海陵区邑庙街

高邮净土寺塔：扬州高邮城区东南郊

宿豫区龙王庙行宫：宿迁宿豫区皂河镇

泗阳天后宫：宿迁泗阳县众兴镇西路

宿迁大王庙：宿迁宿城区城西南东关口

连云港海清寺塔：连云港云台区大村水库东

水与其他公共建筑

南京明清城墙：南京古城区

金陵制造局：南京秦淮区中华门外

太湖水利同知署：苏州吴江同里镇

无锡茂新面粉厂：无锡市城外振新路

镇江潮水位站：镇江北固山北麓

南通博物苑：南通城东南濠河之滨

南通大生纱厂：南通市唐闸镇

泰州人民海军诞生地：泰州高港区白马镇

盂城驿：扬州高邮市南门大街东

总督漕运公署：淮安市中心镇淮楼北侧

《江苏水文化丛书》编委会

《江苏水文化丛书》总序

水是江苏最鲜明的符号。江苏境内河网纵横、湖泊众多，既有长江、淮河横贯东西，全国五大淡水湖占有其二（太湖、洪泽湖），又有人工开凿的京杭大运河沟通南北，还有近千公里的海岸线。水孕育了江苏文明，描摹出了这方水土的物阜民丰、文脉悠长，因此江苏的地域文化首先就是水文化。江苏先民在推动社会发展的历史进程中，在用水、治水、管水活动中创造了灿烂的文明，积淀了丰富的优秀水文化。从大禹治理太湖的“三江既入，震泽底定”，到吴王夫差开挖邗沟“沟通江淮”；从中国南北交通大动脉大运河的开通，到明清为保漕粮北运而不断治理的清口、洪泽湖；从民国的“导淮”，再到中华人民共和国成立后兴起的数次治水高潮……江苏悠久的历史里，交织着治水人物、治水理念、治水制度的变化与变迁，这些物质和精神的凝结，形成了江苏独特的水文化遗产。

文化兴国运兴，文化强民族强。党的十九大报告中提出坚定文化自信，推动社会主义文化繁荣兴盛的伟大号召。以水利文化为主干的水文化是中国特色社会主义文化繁荣发展中的重要组成部分。国务院召开的冬春农田水利基本建设电视电话会议上，明确指出“要加强水文化建设”；江苏省政府出台的《江苏生态河湖行动计划（2017—2020年）》，将水文化建设列为重点任务。基于此，江苏省水利厅组织编写了《江苏水文化丛书》。

江苏优秀传统水文化遗产中，有丰富的工程类水文化遗产，如运河、陂塘、堤坝圩堰、水关涵闸、水文站等，又有桥梁、码头、渡口、井泉等与水有关的生活设施类遗产，以及水利管理建筑、祭祀纪念类建筑、水文化碑刻等。有历代修筑增高以控制水位的“水上长城”——洪泽湖大堤；有大运河沿线工程设施最多、投入最大，兼具蓄清、刷黄、济运、保航多种功用的综合性水利枢纽——清口水利枢纽；还有北起阜宁、南到启东，防止海水倒灌的范公堤，以及运河、黄河沿线的御笔碑刻、镇水铁犀等，这些都记录了历代治水的艰辛与不易，也为后世水利史研究提供了宝贵的资料。水工遗址背后，是铭刻在时间洪流里的一位位治水名贤和他们的治水思想：有提出“束水攻沙”的“千古治黄第一人”潘季驯；有系统筹划治理黄、淮、运并陆续实施的清代河道总督靳辅；有“修围、浚河、置闸”的范仲淹等，他们或亲自规划实施了河湖工程，或提出了水利科学管理的机制办法，其充满智慧的治水理念，至今仍有可借鉴之处。此外还有大量与水有关的诗词、音乐、书画、建筑等。

《江苏水文化丛书》第二辑包括《水与建筑》《水与书画》《水与音乐》三本。全书全彩印刷，图文并茂，用通俗易懂的语言，在全省部分水文化遗产（典籍）整理的基础上进行了解读阐释，讲述江苏水故事，传承优秀传统水文化，既可作为行业内人士了解古代优秀治水理念与科技的参考，亦可作为全民普及水知识的读本，对展示江苏治水历程，弘扬水文化有着积极意义。

山中江上总关情。亲水护水，必先知水爱水，唤起人们对江河水脉的乡愁记忆。作为全省范围内首套水文化解读专著，丛书的出版是我省水文化事业的一次良好探索与尝试。希望该书的面世，能够带动江苏水文化发展，在此基础上，将水文化建设融入水利工作的各个方面，开展形式多样、内容丰富的水文化活动，让江苏悠久的水历史与灿烂的水文化深入人心，努力实现河通水畅、江淮安澜，水清岸绿、生物多样，人水和谐、景美文昌的建设目标。

是为序。

序

城市的滨水空间是城市天然的边缘地带，也是城市中难得的自然要素的遗存，蓝色的水面与滨水的绿化一起构成了连续的生态环，是城市中仅有的能够欣赏到自然美景的场所之一，滨水建筑组成的生动的城市轮廓线是城市给人留下深刻记忆的景象。蜿蜒的河道、开阔的湖泊是城市的公共开敞空间，在这里可以欣赏滨水自然风光和城市气象，是认知一个城市特色的最佳场所，例如南京的秦淮河、杭州西湖，武汉的长江，上海的黄浦江，等等，这些水滨场所几乎已成为城市的名片。

城市滨水建筑及其周边环境经历了数百年的沧桑演变，是城市中历史积淀最丰富的地区。曲折幽深的街巷，白墙黛瓦的老宅，清波绿柳的河流是人们记忆中的家园；街角下棋的老者，门口拉家常的主妇，河边洗衣的少女曾是我们熟悉的生活。诺·舒尔茨说过，“如果事物变化太快了，历史就变得难以定形，因此，人们为了发展自身，发展他们的社会生活和变化，就需要一种相对稳定的场所体系。”在当前瞬息万变的城市里，人们很难给自己定位，难以描述自己生活工作的城市，而滨水建筑及其周边环境正好填补了这一虚空，相对稳定和熟悉的建筑环境给高度紧张的现代城市人以慰藉与放松，是人们身心健康的重要保障，也是人们记忆深处城市的缩影。

本书共包括七个章节，第一章绪论主要介绍水与人类聚落、滨水空间、滨水建筑的基本概念，其后六个章节依次介绍了江苏的滨水景观建筑、水乡民居建筑、水与园林建筑、水与祠庙佛寺建筑、山水名胜建筑、水与其他公共建筑，本书共对 50 多处江苏著名滨水建筑进行了介绍。

本书研究内容列入江苏省水利文史研究课题、南京林业大学重点教材建设项目和国家自然科学基金面上项目 51678129。

目　　录

一、绪论

二、登高望远　滨水景观建筑

三、枕河人家　水乡民居建筑

四、掇山理水　水与园林建筑

五、上善若水 水与祠庙佛寺建筑

六、湖山佳处 山水名胜建筑

七、因水之利 水与其他公共建筑

后记

一、绪论

绪论

江苏水系发达，是水网密度最大的省份，境内河道纵横、湖泊星呈。长江、淮河横穿东西，大运河纵贯南北，太湖、高邮湖、骆马湖、洪泽湖、微山湖分布其间，滋养了一方水土，形成了丰富多彩的水工设施、生态湿地和城镇建筑等水环境，承载了博大、灿烂的水文化。

水文化元素充盈于江苏传统城镇和建筑营造中，城镇选址规划和建筑设计营造过程中充分体现了古人“兴水利、除水患”的技术方法和思想智慧，研究水与建筑有助于江苏水文化的保护传承研究，启发当代山水城市和绿色建筑的规划设计，并服务于大运河文化带建设，具有较强的时代意义。

（一）水与人类聚落

“水者何也，万物之本原也，诸生之宗室也。”（《管子・水地》）

水孕育了生命，生命的进化产生了人类，而人类的活动最终形成了各种形式的人类聚落。自古以来，人类的文明就与水共存。黄河、恒河、尼罗河、幼发拉底河，这四条伟大的河流造就了世界四大文明古国——中国、印度、埃及、巴比伦；世界上几乎每一个历史名城都与著名的河流、湖泊相伴，如伦敦与泰晤士河、巴黎与塞纳河、罗马与台伯河、佛罗伦萨与阿诺河，等等。在中国，尤其是江苏，河流与人类聚落更是有着密不可分的关系。纵横交织的河网和湖泊不但哺育了江苏的城镇乡村，也成就了它们独特的经济、社会和历史文化。

人类聚落中与水关系最为密切的部分就是滨水建筑。“小桥、流水、人家”，这些水乡聚落的基本要素最为集中的区域就是滨水地段。滨水地段开放、繁华、富足的人文景观和优美清灵的自然景观，使其成为江苏水乡文化的代表。尽管近代水运的衰微导致了滨水地段经济地位的下降，但其长期积淀的深厚的水乡文化不但未曾消失，反而越陈越醇，弥足珍贵。

江苏是我国经济相对发达的地区，近二十年来城市发展更新速度很快。在经历大拆大建之后，国际风格遍及各处，“千城一面”的现象日趋严重，如何保持和延续城镇固有风格和地方特色重新为人们所重视。维护历史城镇固有的空间和文化品质，对于提高每个地区的特色及美感有着非常积极的意义。滨水建筑是记录江苏历史文化信息最为集中的载体，而作为“边界”和“通道”的城市水系也是体现城镇意向的重点所在，滨水建筑集二者于一身，自然成为江苏城市风貌的缩影和代表。

传统滨水建筑的形成和发展有其自身的原因和特点，保存至今的滨水建筑是一个丰富而复杂的综合体，其在社会、经济、技术等多个层面的种种因素造就了滨水建筑独特的风貌。“风貌”是一个含义笼统而缺乏界定的惯用词，在城市规划和历史保护领域，风貌可以理解为“风”和“貌”两个层次：貌指面貌、外观形象，是物质层面的内容；风指风情、社会活动，是文化和心理层面的内容。在江苏传统滨水地区，存在着明显的物质空间、社会空间、心理空间同构的现象，换言之，即其空间形态、传统活动以及二者有机结合所形成的场所精神是一个有机的整体，他们共同营造了江苏传统滨水区的独特风貌[1]。

1 李岚．城市滨水历史地段的保护更新 [D]. 南京：东南大学，2003.

（二）水的传统功能

生活生产功能

水是孕育生命的源泉，也是维持生命所必需的。古往今来，人类的生活和生产一时一刻也离不开水。在古代城市，生活用水除了依靠少量的凿井汲水外，主要是靠城市水系，即河流和由河流汇聚形成的湖泊。河流与市民生活息息相关，是生活、生产用水的主要来源。许多城市利用天然河湖并加以改造，根据地势及水文条件，开挖人工河道及湖泊，引蓄水源，建设城市疏排系统，兴水利而绝水害，形成一套完整的城市水利系统，将清水源源不断地输入城市，使“居者有澡洁之利”“汲饮之便”，居民的日常生活需求得到了满足。例如仪征城有两条市河，在城内相交分出许多支派，贯通于大街小巷（图 1-1）。“凡百

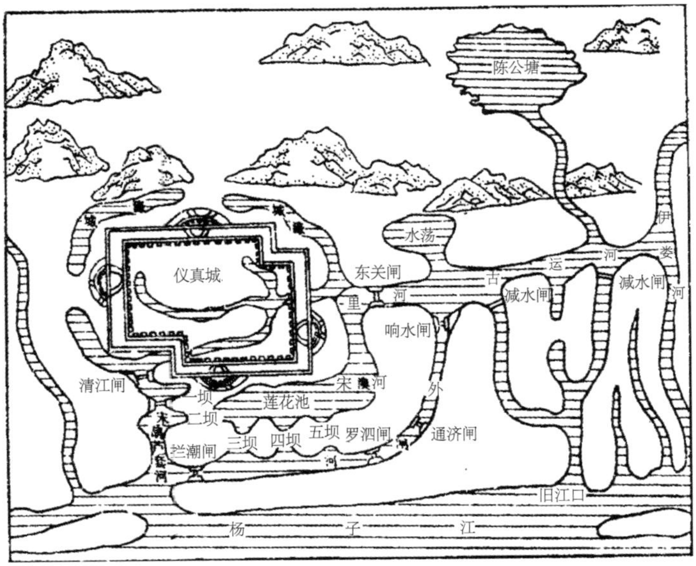

图 1-1　仪征城水系示意图

图片来源：郑连第《古代城市水利》

货及民间日用之需，皆藉载于舟楫，无烦负载之劳；遇有风火不虞，则赖以救焚；城内井少水咸，有此可免远汲；东北一隅，瓜园菜圃又得藉灌溉而得食用。种种利益民生之处难以枚举。”[1]

河道也是城市中各行各业生产用水的主要来源。首先，在农业生产中，河道不但是农田、园圃灌溉取水的源头，也是雨季排水防涝的通道；其次，传统城市的各种手工业几乎都需要用水，尤其是纺织、印染、造纸等行业，水井远远不能满足其大量用水的需求，河道是其唯一水源。再如米行、磨坊等加工行业，也在很大程度上依赖于河道水流提供的既廉价又取之不竭的动力（图 1-2）。

图 1-2　闸口盘车图

图片来源：徐邦达《中国绘画史图录》

在城市和郊区的河道中进行的水产养殖副业，还是江南水乡的重要经济来源。如扬州地区水面多达 200 多万亩，盛产鱼、虾、蟹、荷藕、芡实、慈菇、菱角、鸡头、蒿瓜、水芹等水产，其中宝应藕、邵伯菱、扬州芹至今仍是远近驰名的水面植物三绝[2]。

1　郑连第 . 古代城市水利 [M]. 北京：水利电力出版社，1985.

2　胡明 . 扬州文化概观 [M]. 南京：南京出版社，1993.

交通运输功能

在中国，水路运输的地位逐步优先于道路运输。从周至汉后期，中国有一个出色的公路网。宋代以来，由于都城粮棉盐等主要物资大量依靠江南供给，水上运输运量大、运价低的优点逐渐体现出来，并在全国交通网中占据了优势。此后，不少朝代都把以都城为中心的运河作为全国交通的主动脉，并将其与天然河流、地区运河连在一起，构成全国统一的运输网路。联系都城和粮棉产地的“漕运”不但影响着国家的富强昌盛，而且对其沿岸城市的兴起、发展、繁荣和衰败都起着十分重要的作用。例如，京杭运河沿岸的镇江、仪征、扬州、淮阴、济宁、临清和天津等地，本身就是因航运而发展起来的（图 1-3）。

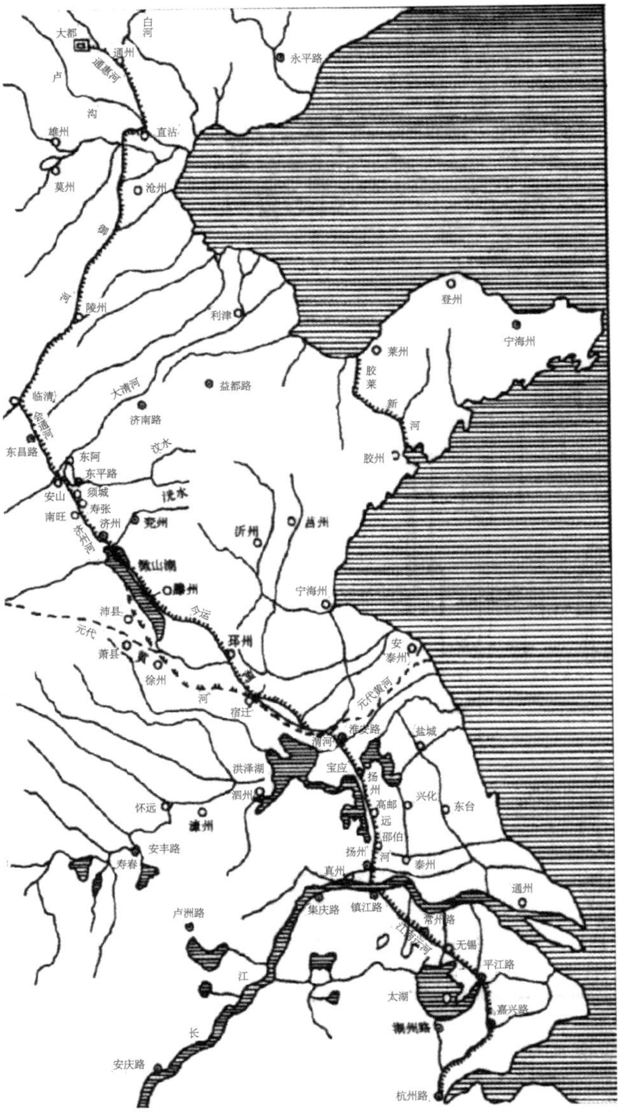

图 1-3　元代运河边的城市

图片来源：潘谷西《中国古代建筑史元明卷》

在江苏历史城市中，很多城市不但与外界有着良好的水路交通，而且其城市内部交通也普遍利用了城内繁密如织的河网。如苏州城内河路河平行，相邻而构成的前街后河、舟车并行的双棋盘交通网络。便利的水上交通运输带来频繁的物资流动，促进了城市滨水地带商业的繁荣。城市滨水地区的住宅、店铺、作坊等沿河分布，人流、货流高度集中，商业也随之兴盛起来，形成如《清明上河图》（图 1-4）所描绘的市场汇聚、酒楼林立、商贾簇拥的繁荣场面。

图 1-4　清明上河图虹桥段

图片来源：张择端《清明上河图》· 北京故宫博物院

防卫、防灾功能

古代大多数城市都筑有坚固的城墙，同时深挖具有相当宽度的护城河。护城河也叫池或濠，因此古代通称城为城池。所谓“沟池深于外，则城郭固于内，用其深以增其高也”[1]，这大大增加了城市的防卫能力。不仅如此，护城河和城墙体系还是与自然做斗争的手段，能起到防洪排洪的作用。由于供水的要求，城

1　郑连第 . 古代城市水利 [M]. 北京：水利电力出版社，1985.

市必须靠近河川、山溪或其他水脉经通的地方。一旦暴雨成灾、河流泛滥，洪水就会淹没田野，涌向城市。如有坚固的城墙，就可以事先紧闭城门，用土密塞，把洪水挡在城外。洪水围城期间，护城河自然就成为导水、蓄水、排水的通道（图 1–5）。

图 1–5　畿辅赈灾图

图片来源：《古代城市水利》

尽管江苏地区地势低洼，且年降雨量较高（据江苏省统计年鉴 2000—2019 统计资料显示，江苏省近 20 年降水量在 737~1 428 毫米），但苏州、无锡等江南古城却较少水患，原因就在于其城河系统具有一定的调蓄洪水能力，可以防止暴雨或久雨后的潦灾。以无锡为例，明代城河长 7 100 丈，合 22.72 公里，河底深“三丈三尺”“二丈二尺”不等。依《吴中水利全书》资料集算出的河底面积约 21 万平方米，可算出其城河总容量为 95.5 万立方米。同样可大致算出明代苏州城内的内河总容量约 135 万立方米。这样大的水容量对于防止水灾是极为有利的。

城市河道防灾的另一方面是防火。传统城市房屋密集，且以木竹结构的房屋居多，街巷狭窄，火灾极易发生和蔓延。城市水道屈曲于街巷之间，可以隔断火源，同时便于汲水灭火。健全的城市河网是消防安全的有力保障。苏州、无锡等城市取水方便，供水河道分布均匀，易于控制、隔断大火；而温州府瑞安县曾因“城内河道淤塞，民艰饮汲，仍多火患”，于乾隆二十七年，筑濠河新埭，蓄山水入城河，遂能“民尽便之，火患亦熄”[1]。

休闲游憩功能

由于人类天生的亲水倾向，空气清新、风景优美的河流和河滨地区往往成为吸引居民游憩的场所。无论过去和现在，都有很多城市或市郊的河流湖泊经过人工修整改造，成为声名远播的风景名胜。在江南，最典型的例子有扬州瘦西湖、杭州西湖以及苏州等（图 1-6）。

图 1-6　白堤花市

图片来源：徐扬《盛世滋生图》·辽宁省博物院

1　张春华 . 江苏历史古城护城河的保护与利用探讨 [D]. 南京：东南大学，2001.

扬州瘦西湖原名保障河，是自唐代以来，随着城址的变迁，由人工开凿的纵横交错的城濠和通向古运河的狭窄水道，经过历代创造经营和建筑积累，逐步成为人们乐于“乘兴来游”的游憩场所（曹寅诗句“陂塘落日张云锦，乘兴来游丈八沟”）。清乾隆数次南巡后，瘦西湖水面扩大至今日规模，成为风光明丽、游人如织的著名风景游览区。扬州清初文人吴绮在《扬州鼓吹词序》中描写瘦西湖红桥附近的游憩活动：“荷香柳色，雕楹曲槛，鳞次环绕，绵亘十余里。春夏之交，繁弦急管，金勒画船，掩映出没于其间。”

同样的例子还有杭州西湖，明代文学家袁宏道《断桥望湖亭小记》写其游憩盛况：“湖上由断桥至苏堤一带，绿烟红雾，弥漫二十余里。歌吹为风，粉汗为雨，罗纨之盛，多于堤畔之草，艳冶极矣。”为了保障游憩环境，南宋孝宗乾道年间,周安抚曾奏禀皇上降旨“禁止官民抛弃粪土,栽植荷菱等物于（西）湖内，违者严惩”[1]。

环境生态功能

在城市中,河流湖泊向来被看成是和树林、草地等“绿肺”同等重要的“蓝带”，对净化美化环境、保持生态平衡有着重要的作用。对低层高密的传统街区而言，一般鲜有大面积的树林草地，环境和生态的平衡就主要依靠河流水体及其两岸的碧柳垂杨。

首先带状的河流是城市的通风风道，上风头的新鲜空气可以通过河流风道，带走城市浑浊的空气，改善空气质量。块状的湖面是城市的“空调”，可以调节城市温度。河面水汽的大量蒸发能够增加湿度，再加上两岸树木植物提供的丰富的第二湿度资源，天气炎热时，湖滨的温度要比城市中心温度低，因此河滨常常凉风习习，成为消夏的佳处。

其次，河道是城市生产、生活产生的大量污水的最终排放地，河水及其动植物群落的天然自净功能可以容纳、净化污水中绝大部分有害物质。水体的物理自净和化学自净都能使水体中污染物浓度的下降；水生生物，其中主要是水

1　李丙寅，朱红，杨建军 . 中国古代环境保护 [M]. 郑州：河南大学出版社，2001.

生微生物可以氧化分解污水中的有机物，而藻类的光合作用可以释放氧气，使水体恢复正常。因此，可以将河道看作一个城市天然的废水处理厂，使城市生态环境保持平衡，城市得以平稳发展。

此外，城市中河滨、湖滨湿地构成了城市自然生态环境的重要组成部分。水体是各种鱼类生活繁衍的场所和昆虫羽化的地方，水滨的滩涂、湿地是小型哺乳动物、两栖类动物的天堂。而浅水、近岸生长的各种水生植物及微生物则构成了一个生机勃勃的水生生态系统，是保证城市生物多样性的最重要的环节。同时，河流滨水空间是动物的迁徙廊道，一定宽度的河流滨水植物走廊为相应尺度的动物提供了安全的迁徙廊道，是联系构成城市生态网络的重要廊道，对城市生态安全极其重要。

精神文化功能

由于人的思想创作和活动参与，城市的河道以及滨水地区已经不再是纯自然景观，而演变为城市的文化景观，寄托着人类的精神和文化追求。

首先，由原始的水源崇拜派生出众多滨水的祭祀活动。早在《礼记·月令》中就记载了五项祭水活动，其中规模较大的有两次：一是仲夏之月，“命有司为民祈祀山川百源”，二是仲冬之月，“天子命有司，祈祀四海、大川、名源、渊泽、井泉”[1]。为后人所熟知的西门豹故事中的“祭河伯”等就是由水源崇拜派生出来的众多民俗宗教活动之一，其中一些活动甚至延续到现在，如农历七月十五的“鬼节”，民间在水上放“河灯”，祭祀孤魂野鬼。

其次，在众多节气的传统民俗中，河道和滨水地区扮演着重要的角色，也赋予了滨水地带一种文化特性。最典型的例子如五月初五的端午龙舟竞渡，“俗为屈原投汨罗日，伤其死，故命并舟楫以拯之。……州将及士人悉临水而观之”[2]，后来演变为各地一年一度的水滨盛事（图 1-7）。此外，在江苏扬州、常州等地，还流行着元宵节妇女“走三桥”以防病去疾，清明节河滨折柳以插门驱禳等滨

1　李宗新 . 水文化初探 [M]. 郑州：黄河水利出版社，1995.

2〔明〕杨嗣昌 . 武陵竞渡略 [M]// 古今图书集成 第五十一卷 端午部 .

水风俗。

图 1–7　王振鹏金明池龙舟图

图片来源：〔美〕大都会艺术博物馆

最后，在伦理道德泛化的传统中国，水被赋予了众多精神和道德寓意，被看作“万物之本原也，诸生之宗室也，美恶、贤不肖、愚俊之所产也”。如对君王社稷的寄寓：“君者，舟也；庶人者，水也。水所以载舟，亦所以覆舟”（《孔子家语》）；“人皆赴高，己独赴下，卑也。卑也者，道之室，王者之器也”（管仲）；“江海之所以能为百谷王者，以其善下之，故能为百谷王”（《道德经》）。如对仁义道德的拟托：“遍与诸生而无为也，似德”（荀子）；“水淖弱以清，而好洒人之恶，仁也”（管仲）；“唯无不流，至平而止，义也”（管仲）。再如人格品质的附会，“其万折也必东，似志”（荀子）；“其赴百仞之谷不疑，似勇”（刘向语）；“浅者流行，深者不测，似智”（刘向）；“受恶不让，似包”（董仲舒）；等等[1]。

1　李宗新 . 水文化初探 [M]. 郑州：黄河水利出版社，1995.

（三）滨水空间的特色

街巷、河道格局

由于地形、地貌、自然条件以及人文方面的差异，传统城市的街巷和河道格局不尽相同，且在各自的发展过程中相对稳定。江苏的滨水区，一般位于居住区集中的旧城内部。它们的空间格局，包括街巷和河道的走向和立面，主要建筑群位置和布局，以及河道、街巷和建筑群之间的相互关系，都各具特色（图 1-8），并且绝大多数历史街区的空间格局一直延续到了今天，形成了江南水乡的风貌框架。

由于河网发达的地理环境和历史形成的旧城布局，江苏滨水区首先在街坊和河道的关系上表现出自己的特点：河街并举，亲水而居。在江苏滨水区，历史上传统的生活方式是“运输依靠河道，步行利用街道”，所以街巷和河道往往平行相邻，二者的重要性不相伯仲。依其地理位置、居住密度和商业繁华程度的不同，有两街夹一河与一街临一河的区别，一般而言，位置重要、人口集中、商业繁华地区多

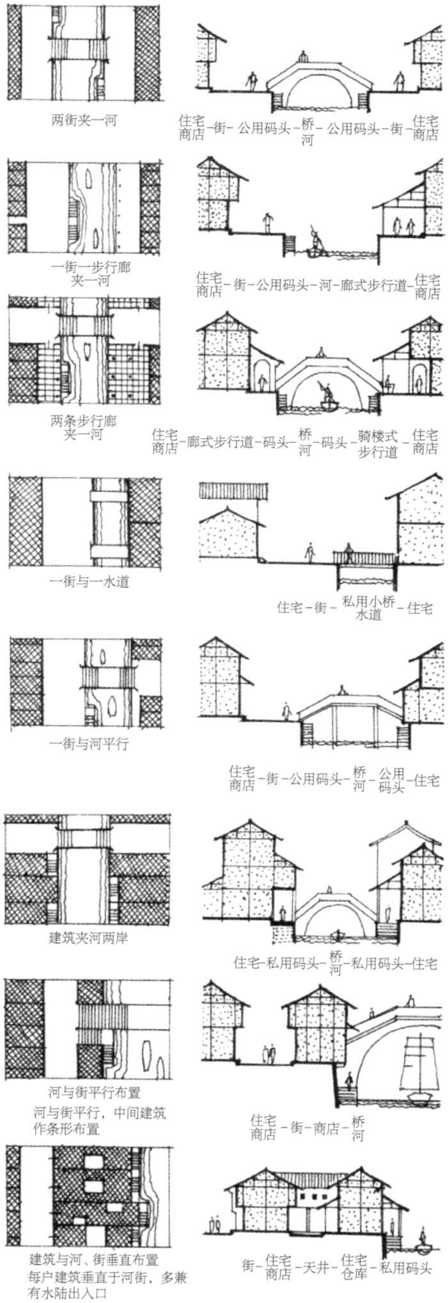

图 1-8　街巷 · 河道 · 建筑的关系

图片来源：中国建筑技术发展中心《浙江民居》

采用两街形式以满足人流通行需要。相比河道而言，街道较为狭窄，街道宽度与临街建筑高度之比通常小于一。在街巷临河一侧除了生活濯洗所需的井台、河埠头外，往往还有私人船坞和公共码头，以及大量兼具景观和娱乐性质的戏台、茶楼、酒楼等亭廊楼阁建筑，充分满足各类人群的亲水需求。这样的城市布局，巧妙解决了交通、运输、给水、排水、消防等一系列问题，具有惊人的合理性和稳定性[1]。

例如古城苏州，古称“烟水吴都”，城内河道纵横，路河平行相邻，划分坊巷，构成了双棋盘的独特格局。白居易诗云：“远近高低寺间出，东西南北桥相望。水道脉分棹鳞次，里闾棋布城册方”，就是对这种格局的完整写照。城内民居前街后河，舟车并行，水网之繁密，利用之普遍，达到了“人家尽枕河”，且“家家门外泊舟航”[2]的程度。苏州建城 2 500 余年间，城池从未迁徙，虽屡遭兵火，但不久即依照原来的街巷河道重建。直至今日，把苏州老城区地图和南宋绍定二年（1229）平江府图相对照（图 1-9），我们还可以发现，不仅城市位置、城厢范围、城市格局、道路及河道骨架大体未变，就连许多街巷、桥梁、水陆城门、寺庙的名称都沿用至今。

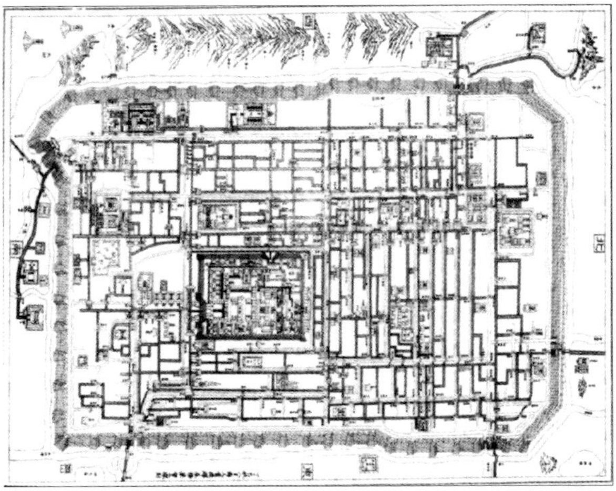

图 1-9　宋平江图碑

图片来源：阮仪三《护城踪录》

1　李岚 . 城市滨水历史地段的保护更新 [D]. 南京：东南大学，2003.

2〔唐〕杜荀鹤《送人游吴》：“君到姑苏见，人家尽枕河。”〔唐〕白居易《登阊门闲望》：“处处楼前飘管吹，家家门外泊舟航。”

沿街、沿河风貌

传统滨水区风貌形成的第二个主要因素是沿街和沿河的传统建筑立面，是一曲在多样变化中体现出统一连续的视觉乐章。交通运动是街巷最基本的功能，人们在运动中体验到街巷的建筑背景和空间感觉，是构成城市和街区风貌意象的重要因素。江南传统滨水街巷的立面节奏是多层次和多因素的步行体验。随着时间的展开，有节奏地呈现的建筑、门洞及各种构筑物构成了丰富的视觉体验和时间层次。建筑物的材料大致相同（砖、木、石），色彩基本一致（粉墙黛瓦），体量的相仿连续以及街道铺地和河道水面的整体性，这些形成了立面统一的基调。但那间或探出的形式多样的马头墙，装饰精美的门头和照壁，披红挂绿的招牌旗幌，幽深的巷口，开阔的井台，组成了变化的旋律。而造型优美的桥梁、威严壮丽的牌坊、高耸富丽的楼阁，乃至峻立入云的塔幢，则完成了关键的高潮和华彩。这种有着音乐美感的沿街立面，实在是一幅清逸平和的烟雨江南画卷，“朱门白壁枕湾流”，“绿杨深浅巷，青翰往来舟”[1]，色彩纷呈，美不胜收（图 1-10）。

乌镇

苏州

镇江

图 1-10　沿街、沿河的传统风貌

1 〔宋〕范成大《枫桥》：“朱门白壁枕湾流，桃李无言满屋头。墙上浮图路旁堠，送人南北管离愁。”〔唐〕李绅《过吴门二十四韵》：“烟水吴都郭，阊门架碧流。绿杨深浅巷，青翰往来舟。”

滨水建筑特色

传统滨水建筑大多为居民住宅和作坊商肆，而且往往表现为二者的结合，或下店上宅，或前店后宅。从其功能和与河道的位置关系上可以大致分为前后临河的大型合院式住宅或商店，前街后河的临水型住宅或商店，隔街面河的面水型住宅或商店，临空跨水的商店或住宅，以及前街后河的上宅下店或前店后宅等类型。而房屋与水面的空间关系有枕河与临水两种。前者底层挑廊于河面或二层楼屋悬挑凌驾于水上；后者通过骑楼、凉棚跨越街道而临水。以苏州民居为例，可以归纳为面水、临水、跨水三类。面水民居，建于滨河街巷一侧，岸植垂柳，铺以石栏；面水取齐，宅院深幽；宅前屋后，皆通河道；门前河面，俱覆石阶；取水系舟，一应便利。临水民居，筑于河渠与街道平行的中间地段，紧贴河道，叠石作基；临河建宅，布局紧凑，形成“楼台俯舟楫”[1]“白墙青瓦水中映”的景观。跨水民居，以半桥半坡依托，或横跨桥之两端筑于其上，一宅一桥，被碧波托起，如出水白莲，亭亭玉立（图 1-11）。

苏州

嘉善西塘

绍兴

图 1-11　建筑与水的关系

图片来源：朱成梁《老房子——江南水乡民居》

1〔宋〕文天祥《文天祥诗集卷四・平江府》：“楼台俯舟楫，城郭满干戈。故吏归心少，遗民出涕多。鸠居无鹊在，鱼网有鸿过。使遂睢阳志，安危今若何。”

传统的滨水商肆往往采用纵向大进深发展，或竖向发展，每户临街或临水面宽较小，从而使更多的住户、商店、作坊获得面街临河、水陆通达的便利。底层为商肆的建筑多采用拆装方便的门扇，空间可敞可闭，同时，浙江乌镇等很多地区的商肆作坊还建有统一的敞廊或挑檐，街道与建筑空间相互渗透。纯居住功能的建筑一般用高大的院墙将住宅与街道分隔，达到闹中取静的目的，临街立面比较封闭。和大多数传统建筑一样，滨水建筑主要采用木结构或砖木混合结构，因防水防潮和透气要求较高而普遍采用的石材和竹材则构成了滨水建筑的用材特色。建筑临水面一般都有连续的花窗或支摘窗，风格较为通透开朗，既可减轻自重，又可接纳夏日由河面吹来的阵阵凉风。而商铺为扩大使用空间，往往使用可拆卸的门板，营业时拆下完全敞开，夜间拼装关闭以防盗。建筑山墙一般为砖砌封火山墙，形式考究，装饰精美，层层叠叠产生节奏韵律。滨河传统建筑具有公用山墙的传统，沿街和沿河界面连续统一，共同营造出连绵逶迤的水乡景色。

居住与街道、河流

传统滨水区的格局中最基本的单元还是居住的院落，即使在最繁华的商业区，街道的背后仍然是大量的居住街坊。传统的街道是生活的组织者，它具有外向性，联系着不同的街坊，也联系着居民和他们的交往活动，形成了丰富热闹的街市生活。而街坊是居民生活的承担者，具有内向的特点。街坊内部属于私密空间，大多由院落组成，院落之间是幽静的避弄，而一个院落一般就是一户或一族居民，以血缘亲疏来划分组团和区域。院落通常沿轴线纵深布局，有时可达多进，从而形成由街、巷、庭院到厅堂的一个有层次的过渡空间（图 1-12）。在传统中国文化的影响下，他们的生活是和睦而安静的，充满了私密性。与街上的喧闹相比，庭院内成为私有的宁静世界，绿化与庭院的结合也使得虽居闹市亦可与自然取得联系。街道和街坊是闹和静、公共和私密的一对孪生兄弟，而河道是二者之间的调和剂，靠近繁华的街道，它可“舳舻千里”“喧声入云”[1]，进入寂静的后院，它也可“扁舟独系”“春水无声”。三者的有机结合是江南滨水地区的传统特色。

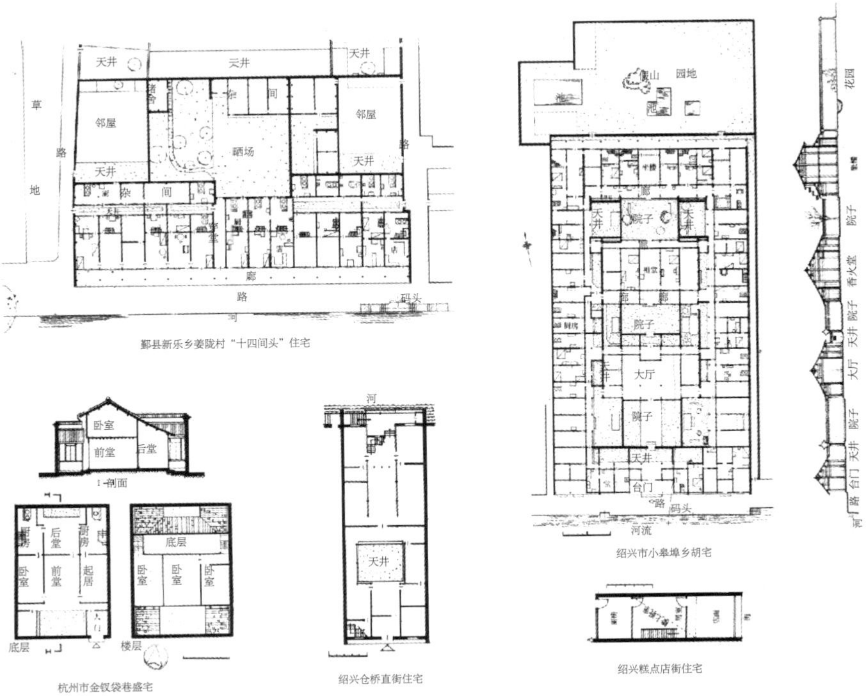

图 1-12　建筑的院落组合

图片来源：中国建筑技术发展中心《浙江民居》

公共节点空间

江南传统滨水区通常呈现层数低、密度高的特点，但由于大量公共节点空间的存在，使得区内景观既丰富紧凑，又疏密有致，而丝毫没有拥塞之弊。公共节点通常处于街道和河流网状结构的交叉点，类型众多，如商市、空场、桥头、

1 〔隋〕炀帝《乐府诗集卷四十七·泛龙舟》：“舳舻千里泛归舟，言旋旧镇下扬州。借问扬州在何处，淮南江北海西头。六辔聊停御百丈，暂罢开山歌棹讴。讵似江东掌间地，独自称言鉴里游。”

茶馆、戏台、牌坊、码头等，此外古井、古树所形成的小型聚集空间也是人群活动的重要节点。

在道路交汇处以及桥头、码头等交通要道自发形成的集市是城乡货物的集散地，是滨水最大的公共空间。长期的商业活动形成了许多专业市场，往往成为城市中繁华的商业地段，形成以自行业命名的地名，其中一些甚至遗存在今天的地名中，如米市河、菜市口、打铜巷、鱼市街，等等。这些市场与市民生活密切相关，也是城市活动最为丰富的空间（图 1-13）。

图 1-13　桥头繁华的集市

图片来源：徐扬《盛世滋生图》·辽宁省博物馆

街巷中的公共建筑也是市民日常活动的重要场所。例如水边的茶馆是市民休闲会友的场所，也是过往客商歇脚交易之处，各种消息在此汇聚，各类人物在此交往。街角的店铺是居民购买日常用品的地方，服务范围不大，来往居民大多熟识，是熟悉环境的场所标志。传统地段中还常有寺庙、道观等宗教场所，这些地方有定期的宗教活动以及庙会，其入口处的开敞空间也是极其重要的节点。

檐廊和骑楼是商家内部空间的延伸，是内与外的过渡空间，同时又构成街巷中的开放空间，成为具有凝聚力的场所。檐廊不但有助于融合内外空间，同时也可连接边缘各种不同功能的建筑及空间节点，使城市空间明确地分为界定、过渡和流通空间（图 1-14）。

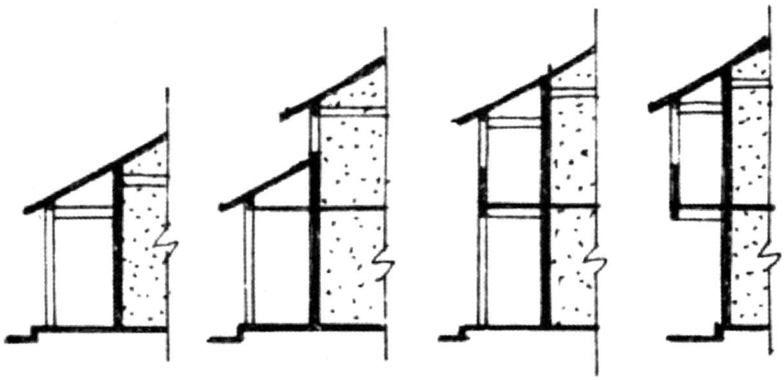

图 1–14　檐廊形式

图片来源：中国建筑技术发展中心《浙江民居》

在江苏传统滨水区，桥头往往成为城市的重要节点，因为桥头处于水陆两套空间系统的交汇点，两套空间系统的物质功能和社会活动在此交融、汇集、转化，桥头节点因其特有的意义而成为独具特色的整体性人为环境。同时形态各异的桥梁也是水乡城市的一大景观，是人们聊天纳凉、观赏沿河景观的佳处。

河埠、码头是水岸联系的地方，常常有商船聚集在此交易，形成水上集市，是富有水乡特色的景象。小的河埠头是各家泊船、汲水、洗衣洗菜的地方。河埠头常和建筑一起形成形式多样的临水门廊。

居住地段内的公共水井在历史上是汲水、濯洗的公用设施，它所在的场地也是居民社会交往的场所。水井本身以其历尽沧桑的井栏，饱受井绳磨炼的井圈以及古老地板铺砌的地面，苍劲的树木，成为历史街区富有吸引力的场所。

传统城市中虽然建筑密度较高，但在可能的情况下人们总会利用空地造景，一棵大树、几株芭蕉、数杆翠竹、三两顽石就可以形成一处景致。特别是在水滨，利用良好的自然条件更易形成美好的风景。水边的长廊、小亭、台榭既是市民休憩游玩的场所，又给城市增添了色彩（图 1-15）[1]。

井台（常州）

河埠头（乌镇）

石桥（绍兴）

河埠头（乌镇）

图 1-15　公共空间

1　李岚 . 城市滨水历史地段的保护更新 [D]. 南京：东南大学，2003.

（四）滨水区的传统活动

生产生活活动

传统滨水区的人群行为和活动是构成其特有风貌的动态景观，是城市文化、风俗的主要体现。对江苏传统滨水街区而言，传统活动最基本的内容是其中居民的日常生活场景，由于其特有的水乡风情，在历代文人墨客描写江南的文字中占据了大量的篇章。

如描写妇女在河边洗衣的“竹喧归浣女”“万户捣衣声”[1]；描写采莲和捕鱼的“江南可采莲”“莲动下渔舟”[2]；描写日常商业的“夜市卖菱藕，春船载绮罗”[3]；等等。这种日常生活方式至今仍影响着许多地区的方言表述，如“下河”在扬州地区既表示在河水中洗澡沐浴，又有清晨早起涮洗马桶的意思。在浙江绍兴，还有更具特色的“船店”。周作人在《水乡怀旧》中描写这种便于水行的船店，“外观与普通的埠船没有什么不同”，“船里有人敲起小锣来，大家知道船店来了，一哄的出到河岸头，各自买需要的东西”。

---

1 〔唐〕王维《山居秋暝》：“空山新雨后，天气晚来秋。明月松间照，清泉石上流。竹喧归浣女，莲动下渔舟。随意春芳歇，王孙自可留。”〔唐〕李白《子夜吴歌》：“长安一片月，万户捣衣声。秋风吹不尽，总是玉关情。何日平胡虏，良人罢远征。”

2 乐府诗集卷二十六《江南》：“江南可采莲，莲叶何田田。鱼戏莲叶间，鱼戏莲叶东，鱼戏莲叶西，鱼戏莲叶南，鱼戏莲叶北。”

3 〔唐〕杜荀鹤《送人游吴》：“君到姑苏见，人家尽枕河。古宫闲地少，水港小桥多。夜市卖菱藕，春船载绮罗。遥知未眠月，乡思在渔歌。”

民俗娱乐活动

和生活生产活动一样，传统滨水区的娱乐和风俗活动也与河道息息相关，具有浓郁的水乡风情。其中，最普遍的活动莫过于竞渡。如前文所述，竞渡一般被认为起源于纪念屈原自沉汨罗日，“楚人哀之，乃以舟楫拯救”[1]，后来演变为全国性的端午节龙舟赛，成为一种集体娱乐项目。但在江苏滨水地区，竞渡活动有自己的特点，它并不只局限于五月初五端午节，而是一种群众自发的经常性的娱乐活动。如苏州周庄的“摇快船”活动，据说始于清初，是民间良辰佳节、喜庆丰收、婚嫁迎亲时群众喜闻乐见的大型娱乐活动。

在水边戏台举办演出活动是江苏共同的传统。每逢重大节日或庆典，即在河滨开阔地的戏楼或临时搭建的舞台上演出各类戏曲，往往通宵达旦，甚至延续多日。正如鲁迅《社戏》中描写的一样，远近居民云集而来，或于岸边，或于船上观看演出，人头攒动，共襄盛会。而正如白居易《登阊门闲望》诗句“处处楼前飘管吹”所云，小规模的各类演出在滨水的茶楼、酒楼、戏楼上几乎无日无之，无处无之（图 1-16）。

图 1-16　春台社戏

图片来源：徐扬《盛世滋生图》·辽宁省博物馆

1 〔南朝梁〕吴均《续齐谐记》.

此外，临水修禊也是各地文人墨客普遍的滨水活动。修禊是古时春秋两季在水边举行的一种祭礼，最初的目的是为了拔除不祥。后来就演变为文人墨客春秋佳节在城市或郊外水滨雅集唱酬的韵事。著名的王羲之《兰亭集序》的内容就是记叙他和谢安等 41 人在绍兴兰亭修禊的景况，故而又名《禊帖》《临河序》。

除了上述竞渡、演出、集市、游玩、修禊等各地普遍的滨水活动外，各地还有一些自己独具特色的水滨活动和风俗。如上文提到的扬州、常州元宵节妇女“走三桥”以禳灾等，再如流传于周庄镇郊的白家浜村的“划灯”，是一种起源于清康熙南巡时的奇especially有趣的民间娱乐活动。月白风清之夜，几十条扎满彩灯的船只，在弦乐声中划行于江河上，波光流翠，彩灯摇曳，橹声咿呀，涌泻数十里，场面清丽、雅致而又壮观，被称为“江南第一灯”[1]。又如常州地区立春日的游“春牛”仪式、浴佛节等活动也固定于水滨举行。

这种种滨水活动既根植于中国传统文化的共性，但更多是江南滨水地区的气候、地理和自然和社会经济环境使然，它们的产生和发展与风俗的形成和演变相互依存、相互影响，共同形成了水乡风貌的魅力之源。

（五）滨水区的场所精神

“场所精神（genius loci or spirit of place）一词来自古罗马。根据古罗马人的信仰，每一个独立的本体都有自己的灵魂，这种灵魂赋予人和场所生命，同时也决定他们的特性与本质。”将这个概念应用到江苏滨水区中，可以理解为在地段自然环境、历史文化的长期发展变迁中，积累形成并保持稳定延续的特性和本质。场所精神是滨水区传统风貌的内在精髓，既根源于空间形态和行为活动，又通过赋予其意义的方式影响约束空间形态和行为活动。因各滨水区的地理位置、自然环境、历史文化的互不相同，所以场所精神也千差万别。具

1　苏州市人民政府网 [EB/OL]. http://www.suzhou.gov.cn.

体而言，江苏滨水区的场所精神应该包括社区结构、社会交往以及心理归属和认同感。

社区结构

依其规模大小，滨水区一般包括一个或多个社区。社区是聚集在一定地域范围内的社会群体和社会组织以及社会生活共同体，具有亲密相连的社群、相对完备的生活服务设施和与之相连的社区成员对所属社区的认同感和归所感。社区不同于现有的居住区或居民组，在地缘关系之外，往往在血缘、宗教、经济文化水平等方面具有密不可分的关系，这种种关系交织成的社会网络就是社区结构。

传统滨水区的社区结构是其居民通过生活生产活动与其所处的环境结成的相对稳定的关系，其主要特点是居民整体的同质，即经济水准、文化水准和职业分工的基本相同，以及宗教信仰、生活方式、观念标准等的基本一致，并以整体的面貌区别于其他社区。这种社区结构或曰社会网络“会产生一种内聚作用，导致和谐的生活，并为社区内的行为和个人抱负提供种种便利条件”[1]。

社会交往

由于河道的因素，滨水区的社会交往内容丰富，并在交往范围、交往人群、交往空间、交往行为上具有鲜明的个性。河道既是人流和物流通道，其水面和两岸绿化又构成了开放景观，可以带动运输、商业、旅游和休憩行为，极大地拓宽了交往的渠道，所以和非滨水区相比，传统滨水区的社会交往具有更多的开放性和可能性。

首先，由于交通便利，商业发达以及景观优美，滨水区的交往范围从不

1　郭彦弘 . 从规划观点看城市改建问题 [J]. 建筑师（14）.

局限在街区内部，而是扩大到整个城市。在江苏重要的商业城市，如苏州、扬州、南京等地，一些濒临主要河道的历史街区，交往范围甚至可以覆盖全国。

其次，除了社区居民及其亲友同僚等相关人群，江苏滨水区的交往人群还包括因经商、购物、娱乐、观光等目的聚集而来的本地其他地区的居民、近郊农民，外地的商贾、工匠、杂耍艺人、观光客以及在此歇脚的旅人，甚至连皇帝及其随从也会成为特殊的交往参与者。非本地居民在交往人群中占有巨大比重，这是江南滨水街区社会交往的一大特点。

此外，在交往空间的多样性上，除了街道以及街道两侧的集市、商店、茶楼、酒肆、寺观等习见的交往空间外，江南滨水区还有许多富有特色的交往场所，如河埠头、码头、井台、滨河绿地、戏台、亭廊，等等。甚至水面本身也是交往的场所，商船、游船、客船聚集，交往活动频繁，既有集体性的“画舫在前，酒船在后”的宴客作乐[1]，也有个体化的“移船暂借问，或恐是同乡”[2]的情感交流。桥面和桥头更是热闹而诗意的交往场所。桥梁是连接两岸街区的交通要津，人流在此形成瓶颈效应，密度增大且速度减慢，增加了许多交往机会，加之商贩抓住这一商机纷纷在此摆摊设点，故而热闹非凡。《清明上河图》中描绘的开封虹桥的热闹场面就是一个典型的实例。频繁的交往活动促成了许多或浪漫、或传奇的故事发生在桥边，比如许仙和白娘子的断桥相会，张良和黄石老人的赠书奇缘等，不一而足。

归属和认同

心理归属和认同感是建立在社区结构和交往活动的基础之上的，可以分为对空间和人文感情的归属与认同两个层面。

对空间的归属和认同可以分为占有空间、领域空间、感应空间三个层次。对江苏滨水区而言，占有空间主要指居民自家宅院。领域空间是居民自家宅院

1 〔清〕李斗《扬州画舫录 · 虹桥录下》。

2 〔唐〕崔颢《长干曲四首 · 其一》：“君家何处住，妾住在横塘。停船暂借问，或恐是同乡。”

周边的区域，在日常生活中使用频率较高，故而是居民非常熟悉的空间，其在地域范围上相当于邻里空间，邻里之间在该区域内共享协作，而对外则有一定的防卫性。这种共享的领域空间对排遣内心的孤独感、培养社会责任心、维护伦理规范具有重要意义。如传统滨水空间的骑楼与凉棚是典型的领域空间，是邻里交往互助的“可防卫空间”，由于通行区域狭窄且使用频繁，对穿越性交通具有有效的视线监视。又如狭窄的居住型街巷,对内可作为共同的“起居室”，对外则令陌生人不安而不敢逗留。即使在公共性较强的地方也存在微妙的领域空间，比如不宜久留的公共型街道的檐下空间，可上岸不可泊船的河埠等。感应空间的范围则较为宽泛，指居民活动范围所及的较为熟悉的空间，根据个体的不同，可能涵盖整个街区甚至城市。

对人文感情的归属和认同的界限较为模糊，但有时却能使人强烈感受到它的存在。对江苏滨水区而言，大多数生长生活在其中的居民，他的性格、思想方式、行为方式、价值标准、伦理观念都会不知不觉地打上水乡的烙印，且终生难以磨灭。人在异乡时，这种人文感情的归属感表现得尤为强烈。异乡游子在新的城市中找不到归属感，所以就会产生一种寄寓他乡，“独在异乡为异客”[1]的漂泊和孤独感，而对故乡——他的情感归属地充满思念。古往今来，乡愁是文学的永恒主题，而其中有关江南水乡的篇章，由于其独特的水乡风物和文化积淀显得尤为光辉灿烂。古代思乡典故中最雅致的莫过于东晋的“鲈脍莼羹”，这位因为“思吴中菰菜、莼羹、鲈鱼脍，曰：‘人生贵得适意尔，何能羁宦数千里以要名爵乎?’遂命驾而归”(《晋书·张翰传》)的张翰就是苏州人（吴郡吴县)。“鲈脍莼羹”，这一空间和情感归属感的物化，从此成为思乡的代名词。无独有偶，当代最广为人知的思乡名篇《乡愁》的作者——台湾诗人余光中也是苏州人。由此可见，江苏滨水区的场所精神是何等强烈！[2]

1 〔唐〕王维《九月九日忆山东兄弟》：“独在异乡为异客，每逢佳节倍思亲。遥知兄弟登高处，遍插茱萸少一人。”

2 李岚 . 城市滨水历史地段的保护更新 [D]. 南京：东南大学，2003.

(六)滨水建筑的类型

水具有饮用、洗涤、灌溉、航运、排涝等人类生存必备的物质功能,也具有景观、文运、灵气等衍生的文化功能。对丰富水资源的珍视和持续两千多年的精心开发利用,造就了江苏繁荣昌盛的经济文化和富庶优美的城镇建筑,形成了小桥流水、人家枕河、园林天堂的独特人居环境。

目前,江苏是中国历史文化名城名镇最多、最密集的省份(仅大运河沿线就有 13 座名城和 29 座名镇),历史文化名村、街区、文物保护单位和传统建筑遗存类型和数量众多,承载了丰富的水文化要素(图 1-17 和图 1-18)。

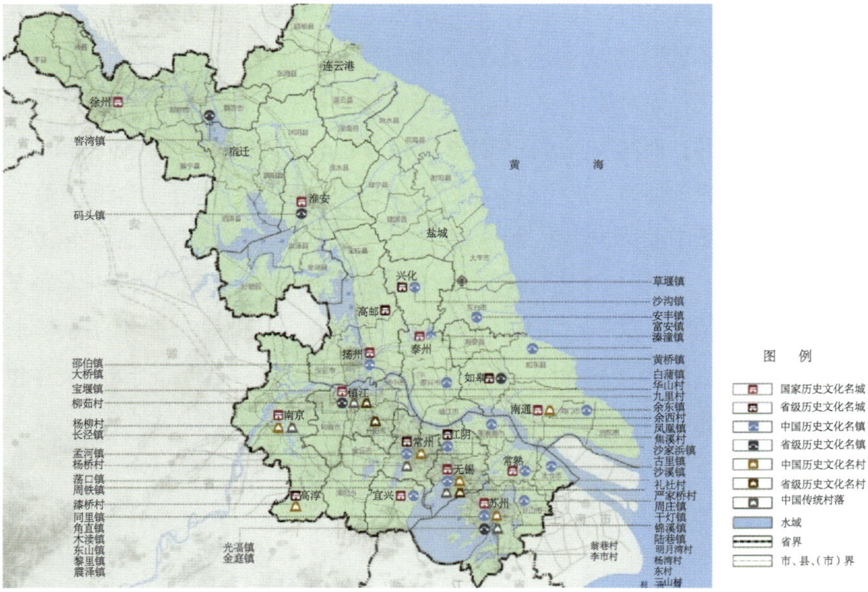

图 1-17 江苏省各级历史文化名城、名镇、名村与传统村落分布图

图片来源:根据地图绘制

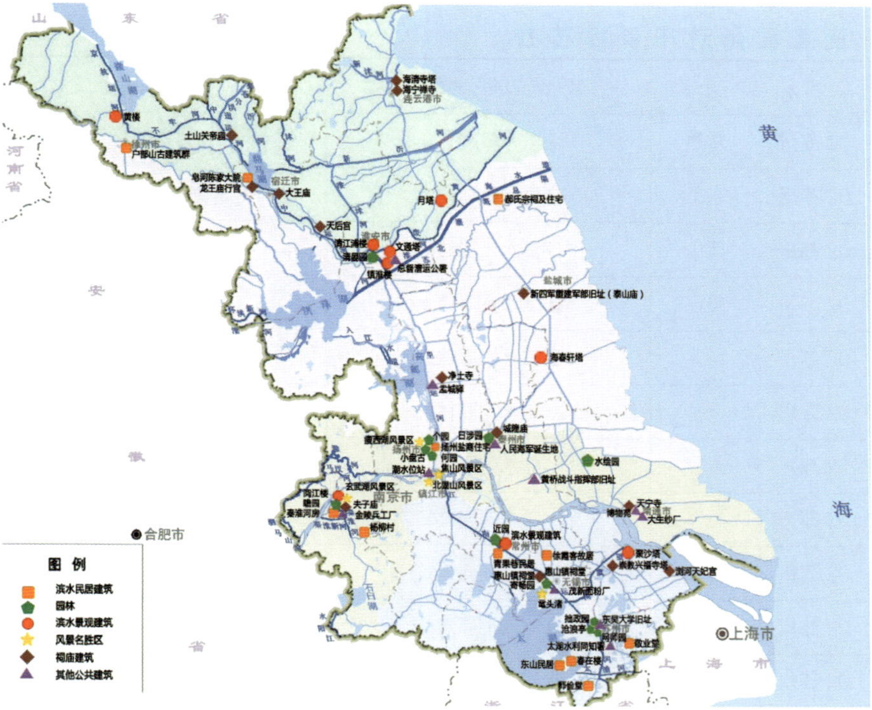

图 1-18　江苏省典型滨水建筑案例分布图

图片来源：根据江苏省流域图绘制

江苏典型的滨水建筑主要有六种类型，分别是滨水景观建筑、滨水民居建筑、园林建筑、祠庙建筑、风景名胜和其他公共建筑等，江苏典型的滨水建筑主要有 60 余处（表 1-1）。

表 1-1　江苏省典型滨水建筑案例列表

01 南京		A 滨水景观建筑	阅江楼
01 南京		B 滨水民居建筑	秦淮河房
01 南京		B 滨水民居建筑	杨柳村
01 南京		C 水与园林	瞻园
01 南京		D 水与祠庙建筑	夫子庙
01 南京		D 水与风景名胜	玄武湖风景区

续表

01 南京		F 水与其他公共建筑	金陵兵工厂
02 苏州	常熟	A 滨水景观建筑	聚沙塔
02 苏州	东山	B 滨水民居建筑	东山民居
02 苏州	昆山	B 滨水民居建筑	敬业堂
02 苏州	吴江	B 滨水民居建筑	师俭堂
02 苏州		B 滨水民居建筑	春在楼
02 苏州		C 水与园林	拙政园
02 苏州		C 水与园林	网师园
02 苏州		C 水与园林	沧浪亭
02 苏州	常熟	D 水与祠庙建筑	崇教兴福寺塔
02 苏州	太仓	D 水与祠庙建筑	浏河天妃宫
02 苏州		F 水与其他公共建筑	太湖水利同知署
02 苏州		F 水与其他公共建筑	东吴大学旧址
03 无锡	江阴	B 滨水民居建筑	徐霞客故居
03 无锡		C 水与园林	寄畅园
03 无锡		D 水与祠庙建筑	惠山镇祠堂
03 无锡		D 水与风景名胜	鼋头渚
03 无锡		F 水与其他公共建筑	茂新面粉厂
04 常州		A 滨水景观建筑	红梅阁
04 常州		B 滨水民居建筑	青果巷民居
04 常州		C 水与园林	近园
05 镇江		E 水与风景名胜	焦山风景区
05 镇江		E 水与风景名胜	北固山景区
05 镇江		F 水与其他公共建筑	潮水位站

续表

06 南通	如皋	C 水与园林	水绘园
06 南通		D 水与祠庙建筑	天宁寺
06 南通		F 水与其他公共建筑	博物苑
06 南通		F 水与其他公共建筑	大生纱厂
07 泰州		C 水与园林	日涉园
07 泰州		D 水与祠庙建筑	城隍庙
07 泰州		F 水与其他公共建筑	人民海军诞生地
07 泰州	黄桥镇	F 水与其他公共建筑	黄桥战斗指挥部旧址
08 扬州		B 滨水民居建筑	扬州盐商住宅
08 扬州		C 水与园林	何园
08 扬州		C 水与园林	个园
08 扬州		C 水与园林	小盘古
08 扬州	高邮	D 水与祠庙建筑	净土寺塔
08 扬州		E 水与风景名胜	瘦西湖风景区
08 扬州	高邮	F 水与其他公共建筑	盂城驿
09 盐城	东台	A 滨水景观建筑	海春轩塔
09 盐城		B 滨水民居建筑	郝氏宗祠及住宅
09 盐城		D 水与祠庙建筑	新四军重建军部旧址（泰山庙）
10 淮安		A 滨水景观建筑	镇淮楼
10 淮安		A 滨水景观建筑	清江浦楼
10 淮安		A 滨水景观建筑	文通塔
10 淮安	涟水县	A 滨水景观建筑	月塔
10 淮安		C 水与园林	清晏园
10 淮安		F 水与其他公共建筑	总督漕运公署

续表

11 宿迁		B 滨水民居建筑	皂河陈家大院
11 宿迁	宿豫县	D 水与祠庙建筑	龙王庙行宫
11 宿迁	泗阳	D 水与祠庙建筑	天后宫
11 宿迁		D 水与祠庙建筑	大王庙
12 徐州		A 滨水景观建筑	黄楼
12 徐州		B 滨水民居建筑	户部山古建筑群
12 徐州	邳州	D 水与祠庙建筑	土山关帝庙
13 连云港		D 水与祠庙建筑	海清寺塔
13 连云港		D 水与祠庙建筑	海宁禅寺

二、登高望远　滨水景观建筑

登高望远　滨水景观建筑[1]

我国古代就有在江河湖泊水边或附近区域营造建筑的传统。这些建筑一般分为三类：第一类是观景类建筑，临水域风景秀丽，视野开阔，在水边营造楼、阁类多层建筑，起到登高望远的观景作用，同时，建筑的优美造型亦起到点景的效果，甚至成为该水域的主要景点，如湖南岳阳的岳阳楼、湖北武汉的黄鹤楼以及江西南昌的滕王阁。第二类是纪念类建筑，因当地曾闹过水患或是曾发生过治水抗洪等事迹，而在水边筑楼以纪念当时的历史事件，如江苏徐州的黄楼就是为纪念苏轼任徐州知州时率民抗御洪水的事迹而建的抗洪纪念性建筑。第三类是风水建筑，如文峰塔、水口塔、压胜塔等，其作用多是为了保佑风调雨顺、镇妖辟邪，或是振兴一方文运。

观景类建筑

我国古代建于江河湖泊水滨的观景建筑颇为繁盛，尤以长江中下游地区为最，漫漫江水与秀丽的山峦营造出一幅天然画卷。

众多风景建筑多借助江畔秀美的景色“因景而建”，成为观景的好地方，著名的有九江的镇江宝塔、海宁盐官镇海塔、杭州六和塔、建德双塔及新安江的敏县长庆寺塔和太白楼等。它们或凭江而立，或突兀江中，多依山就势，和江南清净虚明抑或惊涛翻涌的江水构成鲜明而优美的景观。

1　陈薇．江南沿江景观成因说 [J]. 中国园林，1995(2)：26-29.
孙厚兴，吴敢，于道钦，等．徐州文化博览 [M]. 北京：文化艺术出版社，2003.
中国民族建筑网 [EB/OL]. http：//www. naic. org. cn/html/2017/gjfs_1115/32502. html.

此外还有一些大江大湖之滨，由于建造风景建筑而名声大噪。如江南三大名楼——湖南岳阳的岳阳楼、湖北武汉的黄鹤楼、江西南昌的滕王阁，以及镇江金山寺、安庆迎江寺及江边诸塔。它们多出现在水陆通衢，山水形胜处，从而成为景观。

纪念类建筑

滨水的纪念性建筑的建造是为了纪念与治水或是抗洪有关的历史人物及历史事件，如江苏徐州的黄楼就是为纪念苏轼任徐州知州时率民抗御洪水的事迹而建的纪念性建筑，此外湖北宜昌的黄陵庙和武汉龟山禹功矶上的晴川阁均是为纪念和江水有关的治水圣人大禹而造的纪念性建筑。

风水类建筑

风水作为一种环境观，对中国古代建筑的选址、朝向和形式都产生了深远的影响，其中滨水的风水建筑主要以风水塔、阁等形式存在。

风水塔兴起于明朝初期，受此影响，一批风水塔应运而生，几乎遍及县城甚至乡镇，蔚为壮观。风水塔主要用于勘山水、补地势、镇水患、引瑞气，塔的建立被视为“地脉兴”而“人文焕”的大事，极受重视。风水塔一般修在水口，作为一郡一邑一乡之华表，从风水学上来讲，塔可以起到镇邪禳灾之效，可以改变一个地方的气运，而且塔也可以起到避雷的作用，还可以供统治者歌颂自己的功德，借以流芳百世。

风水塔的建立还有震慑河妖之意。古代人民靠山吃山靠水吃水，一旦风雨失调、河水泛滥可致农田被淹、家园被毁，人民苦不堪言。人们认为兴风作浪的河妖是水患的罪魁祸首，为了求得风调雨顺，便在河岸建塔镇住河妖。如江苏淮安涟水县的月塔就是为了镇压当地民间传说中的河中恶龙而建。

也有些塔是为了弥补地形缺陷而建的。明朝冷崇在《创建文星塔记》中记载陕西韩城县（今韩城区）修建“文星塔”的原因在于东北方向的山峰不够耸拔，于是建塔，使风景完善。《山海经图赞》说“地亏巽维，天缺乾角”，山东阜阳地形西北高东南低洼，据《颍州志》记载：堪舆学家认为东南洼而地轻，地气外溢而难出人才，须建塔以镇之。

还有保佑一方文风昌盛的风水塔，一般名为文笔塔或文峰塔。《阳宅三要》云：“凡都省、府庭、州县、场市，文人不利、不发科甲者，宜于甲、巽、丙、丁四字上立一文笔峰，只要高过别山，即发科甲。或山上立文笔，或平修高塔，皆为文笔。”文峰塔一般修得细长，似毛笔插入云霄。

阅江楼[1]| 长江

自朱元璋亲笔写下《阅江楼记》后的600多年后，阅江楼于2001年于狮子山落地建成。“登楼阅世抚今追昔，望江怀古鉴往知来。”登楼眺望，见长江浩浩汤汤，宛若白练，蜿蜒而去，不禁令人怀古伤今，心生敬意。

“一江奔海万千里，两记呼楼六百年。”阅江楼巍峨壮观、气势磅礴，以其独特的魅力展示在人们面前。登上阅江楼，放眼远眺，但见浩瀚的大江滚滚东去，仿佛郑和下西洋以来六百年烟雨尽收眼底。阅江楼景区坐落在南京城西北的狮子山巅（原名卢龙山），濒临长江（图2-1）。狮子山风景优美、历史悠久、文化底蕴深厚，有“狮岭雄观”的美誉，列入清末徐上添编绘的《金陵四十八景》之一。

图2-1 阅江楼与长江

图片来源：根据百度卫星地图绘制

1 南京阅江楼管理处．中华历史文化名楼丛书：阅江楼[M]．北京：文物出版社，2012．

俞明．阅江楼有记无楼六百年[J]．江苏地方志，2017，172(6)：76-80．

许鹤星．南京狮子山“阅江楼”设计[J]．古建园林技术，2003(4)：50-52．

朱元璋称帝后，于公元1374年再次登卢龙山，感慨万千，意欲在山上建一座高耸入云的楼阁。于是，他亲笔写下《阅江楼记》："若天霁登峰，使神驰四极，无所不览，金陵故迹，一目盈怀，无有掩者。俄而复顾其东，玄湖钟阜，倒影澄苍，岩谷云生而霭水，市烟薄雾而蓊郁，人声上彻乎九天。登斯之山，东南有此之景。"这算是阅江楼项目"立项"的开始了。后因天现异象，觉此兆不祥，便停止建楼。没想到这个"项目"一拖便是六百年。

作为江南四大名楼之一，岳阳岳阳楼、南昌滕王阁和武汉黄鹤楼都是以名人诗篇得以闻名于世，而阅江楼则因其"有记无楼六百年"而颇具传奇色彩。为了弥补遗憾，阅江楼工程自1998年2月2日正式开工，历时31个月，于2001年8月31日竣工。竣工后的阅江楼，以其挺拔的英姿、古典的造型，成为南京一个地标性建筑（图2-2）。

图2-2　阅江楼正立面

图片来源：中国民族建筑网

阅江楼整体碧瓦朱楹、飞檐峭壁、朱帘凤飞、彤扉彩盈，具有鲜明的明代风格。整个"阅江楼"置于巨大的花岗岩砌筑的大平台上，踏步与平台四周均采用苏州"金山石"护栏，每个护栏柱顶雕刻着数十种神态各异的具有明代前期风格的石狮子。

阅江楼主体建筑呈十字形，主楼加副楼平面设计为“L”形（图 2-3）。主翼面北、侧翼面西，西两面观赏大江风景，又与周围山水环境特征相呼应。楼前五层平台也随山势呈不对称状向南逐层收小跌落。山门正对副楼形成上山视觉轴线。顶层大平台东侧建碑亭以平衡视觉。建筑采用元末明初官式形制（南京明故宫所用）。显示出“碧瓦朱楹，檐牙摩空而入雾，朱帘风飞而霞卷，彤扉开而彩盈”的楼阁意境。殿身金厢斗底槽加副阶周匝，主楼部分间架数为七间七进，且左右开间数不等。

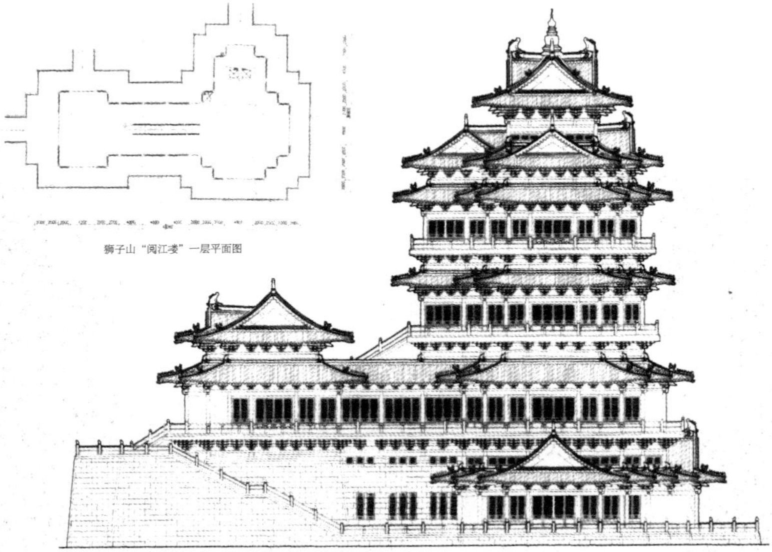

图 2-3　阅江楼设计图纸

图片来源：许鹤星《南京狮子山“阅江楼”设计》

狮子山风景区还有复建的天妃宫、静海寺两处仿古建筑群。静海寺是明成祖朱棣为褒奖郑和航海的功德下令敕建的皇家寺院。寺名取“四海平静,天下太平”之意，明清时静海寺规模宏大，殿宇林立，气势恢宏，号称“金陵律寺之冠”“金陵八大寺之最 ”。静海寺屡遭战火，历代均有修葺、扩建，终成今制。天妃宫碑是静海寺中的重要景点，全名“御制弘仁普济天妃宫之碑”，碑高 5.48 米，宽 1.5 米，厚 0.5 米，下承龟趺，上刻螭龙，碑额篆书，碑文正楷。它是唯一一块由皇帝亲自撰文颂扬的御碑，也是中国现存最大的郑和下西洋石刻，文化价值极高。

阅江楼、静海寺与天妃宫共同讲述着当年郑和下西洋的波澜壮阔。

聚沙塔[1]｜常浒河

常熟地处江南水乡，素有“江南福地”的美誉，是吴文化发祥地之一。南宋绍兴年间，梅李东临梅塘，塘水通达长江，每逢潮汐，是为一患，故邑人乃集资建聚沙塔以镇潮水。

千年古镇梅李，自古为常熟东部重要的交通枢纽，素有“东乡十八镇，梅李第一镇”的美誉。聚沙塔是镇上著名的标志性古塔，全称为“聚沙百福宝塔”，坐落于梅李镇东市梢，临常浒河（图 2-4）。梅李原地处长江江滩，聚沙塔作为镇江之宝，镇潮水冲激，故取名“聚沙塔”。

图 2-4　聚沙塔与常浒河

图片来源：根据百度卫星地图绘制

1　黄滋，章忠民．常熟聚沙塔维修设计谈 [J]. 东南文化，1997(3)：126-130.
朱同芳．江苏名塔 [M]. 南京：南京出版社，2013.
中国人民政治协商会议，江苏省常熟市委员会，学习和文史委员会．常熟文史（第 28 辑）：园林 寺塔 馆阁 [M]. 中国人民政治协商会议江苏省常熟市委员会学习和文史委，2000.
苏州市人民政府网 [EB/OL]. http：//www. suzhou. gov. cn.

聚沙塔建于南宋绍兴年间，为镇潮之用。因是时梅李东临梅塘，塘水通达长江，每逢潮汐，潮水汹涌，冲刷堤岸，是为一患，故邑人乃集资建塔以镇潮水。后人在塔的附近逐渐添建殿、阁，至清康乾时期已形成一所颇具规模的寺院，称法云禅寺（图 2-5）。

聚沙塔高 32.8 米，八面七级，塔室为正方形，底层正方位开门，上方每层都有四窗四门，属于砖木楼阁式古塔。塔衣由 8 根青石柱支撑，两侧柱础是出土时原物，墙体保留了宋代“丹粉刷屋舍”的绛红色，墙上有砖砌斗拱和木斗拱里外吻合。壁拱、角拱、壶门洞造型，圆形砖柱，工艺精巧，凸显了江南古塔的玲珑之态（图 2-6 和图 2-7）。

图 2-5　聚沙塔园景

图片来源：朱同芳《江苏名塔》

图 2-6　檐角细部

图片来源：朱同芳《江苏名塔》

图 2-7　聚沙塔

图片来源：黄滋寺《常熟聚沙塔维修设计谈》

聚沙塔因受火灾与风雨侵袭，损毁严重，历代都有维修记载。乾隆三十一年（1766）僧雪林与里人邓氏兄弟三人集资重修，并由县令康基田撰记。

道光十年（1830）聚沙塔楼梯、楼板及飞檐走廊为野火所废，仅存顶上三层，后也日益残破。1912 年 6 月 15 日，塔顶最上部被飓风吹坠，与宝顶同时坠下有铜小佛十八尊，抄经一部，塔图一帧，可惜于 1937 年沦陷时遗失。塔身自此逐渐倾斜。1981 年 11 月 10 日，常熟县文物管理委员会为减轻塔顶负荷，将倾斜的覆钵和塔刹取下。残破的聚沙塔第七层塌掉一半，其余各层也均有不同程度的损坏。1993 年 5 月，梅李镇政府对聚沙塔进行抢救性修复，并于 1997 年 4 月 18 日举行塔刹安装仪式。1995 年 4 月，聚沙塔被列为江苏省第四批文物保护单位，2013 年 3 月，被列为全国重点文物保护单位。

聚沙塔下的聚沙公园是国家 4A 级景区，面积 64 000 平方米，园内亭台水榭、古木参天、绿树成荫、百花吐艳，集文化娱乐、体育活动、休闲游览等多功能为一体，是梅李居民休闲娱乐的主要场所，也是旅游爱好者的好去处。

海春轩塔[1] | 泰东河

海春轩塔，江苏第一古塔，为唐代建筑物，位于江苏省东台市西溪古镇（图 2-8），距今已有 1 200 多年历史，现为全国重点文物保护单位。该塔不仅是当地现有的最古老的建筑物，而且也是中国唐末过渡时期，南北两派建筑体系衔接在古塔建造方面的典型代表，有重要的历史、科学价值。

---

1 中国民族建筑网 [EB/OL]. http: //www. naic. org. cn/html/2017/dts_0814-17298. html.
王煦 . 西溪海春轩塔建年探考 [J]. 盐城师专学报 (社会科学版), 1985(4): 133-134.
崔益云 . 海春轩塔 [J]. 江苏地方志 ， 1995(3).
万里春 . 东台宋海春轩塔维修 [J]. 文物世界 , 2006(1): 57-58.
唐云俊 . 江苏文物古迹通览 [M]. 上海 : 上海古籍出版社 , 2000.

图 2–8　海春轩塔与泰东河

图片来源：根据百度卫星地图绘制

海春轩塔的记录资料，最早见于清嘉庆《东台县志》：“海春轩塔，在西溪南，广福寺东侧，传为唐尉迟敬德监造，塔顶有题名。”相传唐贞观年间（627—649 年）尉迟敬德之母曾到西溪避难。那时，西溪东面是海滩，居民多为盐民和渔民，渔民出海捕鱼经常失事，尉迟之母见之极为痛心，嘱尉迟日后如获一官半职，要在西溪造一座宝塔，让渔民出海时能辨别方向，少出人命事故。尉迟佐李世民定天下后，他想起母亲的嘱咐，向李奏本，借口从南通到淮河口是全国产盐重地，又是军事边塞，须建一座方向塔，以保疆土安全。李准奏，并命尉迟监造此塔。尉迟为遵母命请奏在此造塔，故当时人们称之为“孝母塔”“尉迟塔”。此事于清光绪《扬州府志》、1934 年编的《江苏省鉴》均也有记载。1944 年秋，驻西溪的伪军将宝物塔刹窃藏，企图盗卖，广福寺住持霖波和尚带领民众群起抗议，迫于舆论压力，伪军方将原物交还。

中华人民共和国成立后，党中央、国务院十分重视文物保护，分别于 20 世纪 50 年代、60 年代两次拨款修塔，广福寺主持霖波和尚欢欣鼓舞，将深藏十年之久的塔刹挖出，重新安装塔顶，使塔刹重见天日，再现神光。1982 年经江苏省人民政府批准，海春轩塔被列为省重点文物保护单位。1986 年又再度维修，将黝黑的塔身上下洗涤，在塔顶安装了避雷针，塔四周围以栏杆，种植了花草树木，千年古塔古朴依旧，雄姿一新，大放光彩（图 2-9）。

图 2-9　海春轩塔

图片来源：中国民族建筑网

海春轩塔为七层八角砖结构密檐塔，面向西北，塔总高 20.80 米，无台基、副阶，内中空，二层及以上各层塔壁十分简洁，无斗拱、角柱，每层八面各设圭形佛龛一座，六层共 48 座佛龛。底层直径 6.5 米，塔壁厚 1.36 米，底层塔身较高，为 4.5 米，八面，每面边长 2.5 米左右。底层以上出密檐七层，每层檐之间距离较小，塔檐及二层以上每面塔外壁都呈现向内曲的弧线，塔的外形逐层收分，但六、七层之间塔身收分甚微，且第七层塔身高度又高于其他各层塔身高度。塔所处的密檐均以叠涩方法挑出，以一、二层密檐为例，下面出砖制菱角牙子五层，菱角牙子上叠出挑砖五层，其中最上层为砖制假椽，密檐上无盖瓦，以青砖层层覆盖。塔身内部为空筒式结构，从塔内壁残留的数层支撑楼板的叠涩砖可看出，该塔在始建时期塔内应设有楼板，可以攀登。塔内距离地面 14.5 米处设有十字金钢梁一副，梁直径 35 厘米，上置塔心柱，柱径 33 厘米。塔内筒总高 18.10 米，内顶以四层叠涩砖收分后作穹隆顶，

图 2-10　海春轩塔老照片

图片来源：万里春《东台宋海春轩塔维修》

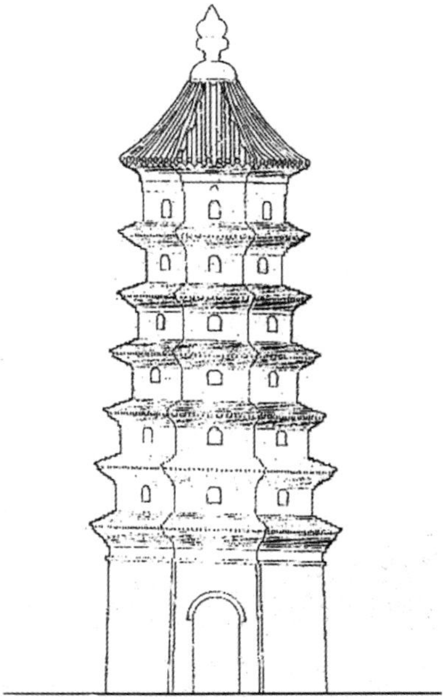

图 2-11　海春轩塔立面图

图片来源：万里春《东台宋海春轩塔维修》

半径80厘米。塔刹由铜葫芦相轮、铁覆盆组合而成，塔顶用灰筒瓦覆盖（图2-10和图 2-11）。

塔身设有的主形佛龛并不与塔内相通，因此塔内无光线，又不便于向外眺望，可见初建时主要并不为攀高所用，作为当时的标志性建筑，为海湾船只起导航引渡作用的可能性更大一些。

镇淮楼[1]| 淮河

镇淮楼位于淮安市中心，镇淮楼东路一号，据京杭大运河不到两公里

1　朱珊 . 江苏百处名胜 [M]. 南京：江苏教育出版社，2012.

文史淮安 [EB/OL]. http: //www. wshuaian. org/show. asp?id=950.

贾珺，黄晓，刘珊珊 . 江苏上海古建筑地图 [M]. 北京：清华大学出版社，2015.

（图 2-12），是古城淮安的标志性建筑，又被称作“淮楼”“鼓楼”。镇淮楼名取震慑淮水泛滥之意。1987 年 9 月，镇淮楼被公布为淮阴市文物保护单位，2002 年被列为江苏省文物保护单位。

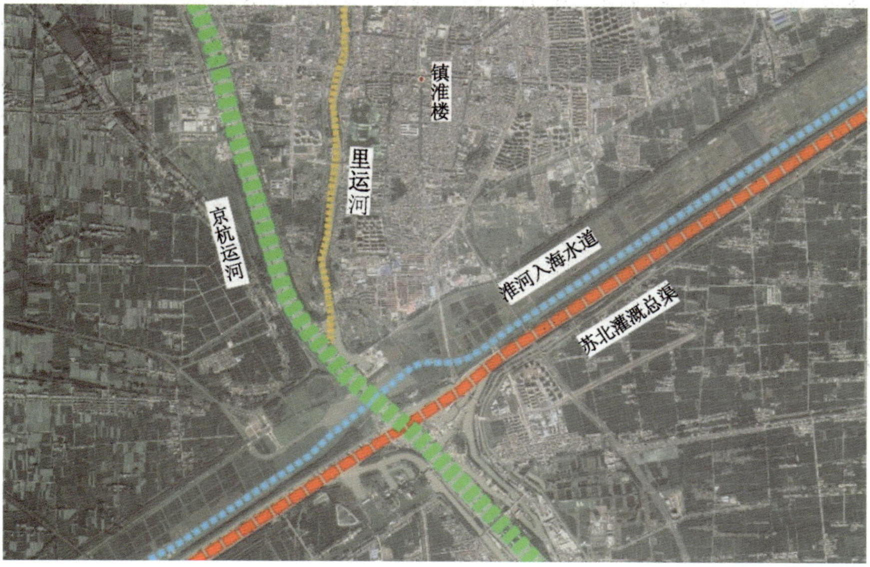

图 2-12　镇淮楼与运河、淮河

图片来源：根据百度卫星地图绘制

镇淮楼（图 2-13）始建于北宋年间，原为镇江都统司酒楼。淮安“扼江北之要冲，为南北交通之孔道”，纵贯淮安全境的大运河是当时南北交通的命脉。南粮北运要从运河穿长江、越淮河才能北上，船只以到淮安视为安全。因此无论文武官员、显宦世家、巨商富贾、文人墨客和僧道名流都要登楼祭酒，以庆幸运。元代时，淮安“置总管府，用以控制南北舟车转输”，楼上便悬挂“南北枢机”“天澈云衢”的金字匾额。明代楼上置“铜壶滴漏”用以报时，故又名“谯楼”。明洪武十九年（1386）破损，永乐十七年（1419），镇守淮安的指挥使黄瑄等重修。景泰四年（1453），指挥使丁裕又重修。成化六年（1470）重修过后又置大鼓专伺打更、报警，故又称为“鼓楼”。清河王琛先生的《淮阴故实》“鼓楼”条，在转录上引乾隆府志这一记载后云：“按今名鼓楼，嘉庆间督漕铁公保改题‘镇淮楼’，额曰‘声彻云衢’。”铁保是嘉庆四年至七年任漕运总督的，改名的事当在此时，改名通常的说法是镇压淮水，祈免水灾。

图 2-13　镇淮楼

图片来源：文史淮安网

也有说法，清代乾隆年间，因水患不断，人们为震慑淮水，将其更名为“镇淮楼”。光绪七年（1881），知府孙云锦重修。清末设立警察，有警察宿卫其上，作为瞭望之地。民国年间易名“中山楼”，民众教育馆读报室曾设立其上。日本占领淮安，在二楼平台西部接建一抱厦，日军在上面训练特务，改名新民楼。解放初期，镇淮楼被列为江苏省级文物保护单位。1959 年曾进行大修，后又进行过多次维修。“文革”期间改名为“东风楼”，今仍名镇淮楼。

楼采用高台楼阁的形式，底座为高大的砖砌台基，长 28 米，宽 14 米，高 8 米，上部略有收分，显得十分沉稳。台基正中设拱形门洞，宛如城门，南门大街从门中穿越而过。台基东西两侧砖梯为直角条石阶梯，中有拱形通道，屋脊上塑有两条卧龙，四角飞檐，二楼平台四周建有回廊，有 20 根赭红色柱子，在拱梁石格子的接头处，刻有凤凰、孔雀和麒麟等图案。楼北侧竖有石碑，正面刻“镇淮楼”三字，背面刻镇淮楼的简介。古代漕运总督设在淮安，是管理全国漕运的唯一机构。今天的镇淮楼和漕运总督遗址公园一起构成了楚州城的中心景点，周围已经辟为城市广场，两者一起成为古城中的核心文化标志和市民的休闲场所。

清江浦楼[1]| 里运河

京杭大运河的中段以淮阴闸（位于今淮阴区杨庄）为界，上游称中运河，下游称里运河。里运河横贯淮安市区，穿城而过。其流经今淮安市中心区的一段又称清江浦（图 2-14）。

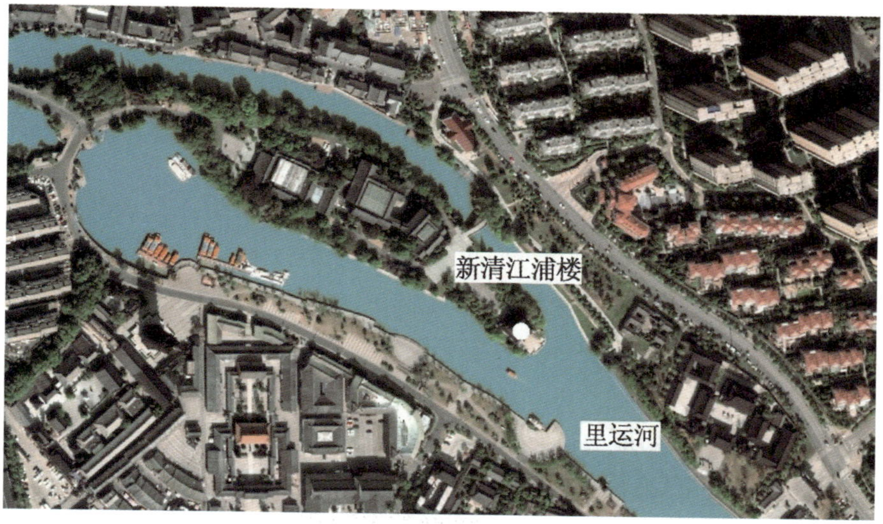

图 2-14　清江浦楼与运河

图片来源：根据百度卫星地图绘制

旧清江浦楼（图 2-15）位于城西河南西路，北濒里运河，建于清雍正七年（1729），已有 250 年历史。它是清江浦的标志。淮安至码头的里运河，宋代称沙河，由宋朝转运使乔维岳开疏。明永乐八年（1410），平江伯陈瑄，疏邗沟（里运河古称），行舟至长江历扬州至淮安通沙河，以通消运并将沙河易名清江浦。清康熙进士查慎行路过清江浦曾赋诗云："南来步步远风霾，川路晨

1　马超骏，程杰．淮安古迹名胜 [M]. 北京：中共党史出版社，2002：44.

淮阴市地名委员会．江苏省淮阴市名录地名录 [M]. 1982：289.

清江浦楼 [EB/OL].[2019-06-26]. http：//www. hadyhbwg. cn/article/53/4. html.

图 2–15　旧清江浦楼

图片来源：唐云俊《江苏文物古迹通览》

征一倍佳，竹茇蒲帆浑不用，橹声如雁下长淮。编芦缚荻聚成堆，大舸多从江外来，试问老堤堤畔柳，年年辛苦为谁栽。”其后，清人建楼于此曰“清江浦”。原楼东西长 4.75 米，南北宽 4.3 米。为上、下两层砖木结构，上层四角飞檐，嵌以黄绿琉璃瓦，饰以龙口含珠。底层是东西方向的砖砌拱门通道，类似城门，门宽 2.4 米，高 2.1 米。东、西两门上方各嵌石门愿一块，中间刻有“清江浦”三个大字，右上方刻“雍正己酉岁孟秋吉旦”八个字。现因年久失修，已面目全非，亟待修复和保护。

新清江浦楼（图 2–16）位于清江浦景区中洲岛上，建于 2003 年，高 23 米，为明三暗五楼阁式仿古建筑，飞檐翘角，巍峨壮观，是登高远眺、观赏里运河风光的绝佳地点，也是清江浦地名的标志。清江浦楼内展陈有清江浦楼记、乾隆南巡错题“清江浦”的场景及“名人咏淮安”互动题诗墙。

图 2–16　新清江浦楼

图片来源：中国江苏网，新周刊记者 王亦 / 摄

文通塔[1]｜里运河、勺湖

文通塔旧名尊胜塔、僧伽塔和文峰塔，位于淮安市城西勺湖公园内，西临京杭大运河（图 2-17）。文通塔不仅是古城淮安这座历史文化名称的标志性建筑之一，亦是研究淮安佛文化的一座实物标本。2013 年文通塔被国务院公布为全国重点文物保护单位。

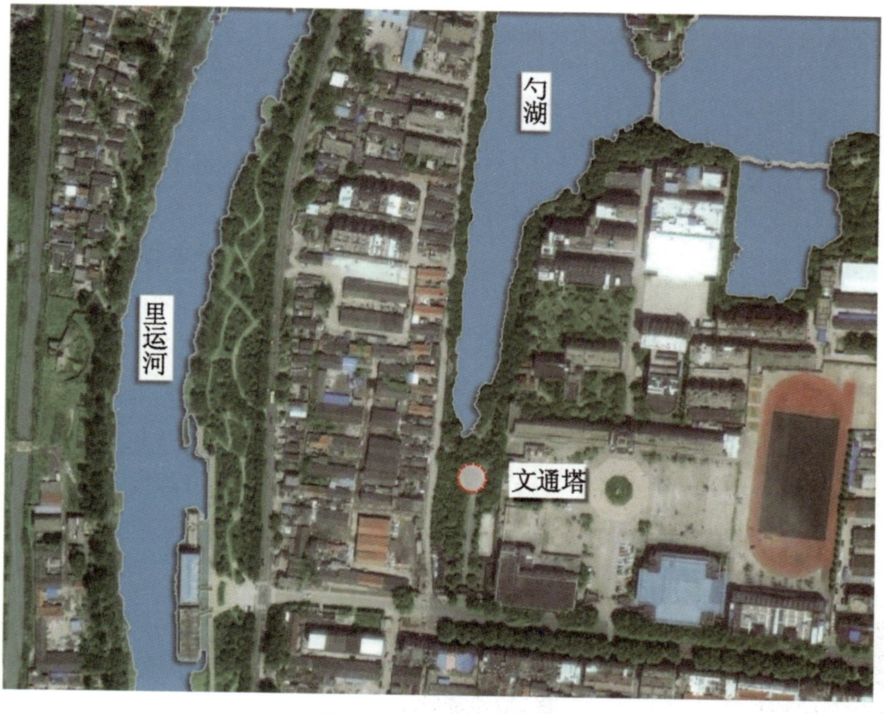

图 2-17　文通塔总平面

图片来源：根据百度卫星地图绘制

1　唐云俊 . 江苏文物古迹通览 [M]. 上海：上海古籍出版社，2000.

贾珺，黄晓，刘珊珊 . 江苏上海古建筑地图 [M]. 北京：清华大学出版社，2015.

文史淮安 [EB/OL]. http: //www. wshuaian. org/show. asp?id=953.

王秀珍，余滔 . 淮安揽胜：周恩来故里纪行 [M]. 重庆：西南师范大学出版社，1999.

据传文通塔始建于晋大兴二年（319），重建于唐，原为木塔，北宋雍熙元年（984）改建为七层砖塔。明崇祯二年（1629）易名文通塔。清康熙七年（1668）地震，倒塌第三至第七层，道光十八年（1838）到咸丰元年（1851）以底部第一、二层为基础重新修建。1958年至1997年前后四次修缮，现存文通塔为七级八面密檐式塔，周围副阶已倒，各层砖叠涩出檐覆筒瓦。一至五层每层四龛，无平座，内部原为空筒结构，现架设楼板，底层外墙嵌有咸丰元年《重修文通塔记》碑石。从底层内沿转梯盘旋而上，可登三四层。顶面做穹窿砖顶，顶心悬吊观音坐莲像。

1982 年文物部门对塔进行整修，恢复了内部的 3 层楼板、楼梯，供奉有 4 尊佛像，还将所在地段辟为文通塔苑，成为勺湖风景区的核心景点之一，登塔可眺望城内的市井街道和城外的运河风光。

图 2-18　文通塔

图片来源：贾珺等《江苏上海古建筑地图》

文通塔历经时光洗礼，就其现存形制而言，介于楼阁式塔和密檐式塔之间（图 2-18）。塔平面为八角形，塔身全以砖砌筑而成，高 23 米，共分 7 层，底层直径约 10.6 米，高度超过全塔的 1/4；上面 6 层逐层收分，每层设一圈腰檐，出挑较短，垂脊飞翘；屋顶设塔刹，尺度偏小，后世镀为金色。塔外壁刷为黄色，屋顶和每层腰檐为青黑色。整座宝塔结构简洁，造型质朴，被园林古建专家陈从周先生认为是中国唐宋古塔形式交替演变的重要实例，历史价值、科学价值和艺术价值都很高。

相传明代的一位太子听闻

淮安府南有文庙，北有文楼，东有文渠，西有文通塔，淮安地界人人满腹文采，男女老幼皆会吟诗作对，太子颇为怀疑，于是到当地一探究竟。太子在淮安府西城根指塔为题，吟出一联"一塔巍巍七层八角四方"，请路人对出下联，连问数人，个个无言以对，只是举手摇摇而过。太子眉毛一掀哈哈大笑。回去后将此时告诉驸马，驸马听后笑道："你出的上联是'一塔巍巍七层八角四方'，他们的下联是'孤掌摇摇五指三长两短'，这不是一副绝妙的对联嘛！"太子闹了个面红耳赤，佩服得五体投地。这故事虽属民间传说，然而，确也可说明淮安是个历史文化名城，文人荟萃之地。

文通塔现为勺湖公园第一景点。每当红日高照或皓月当空，湖光塔影，偶或点缀以白云、蓝天、垂柳、繁花，其景之幽，令人叹为观止，给游人增添了无尽的诗情画意。沿塔内转梯，拾级而上，登上四层塔楼，临窗俯视：西面运河如练，百舸争流；北面湖光似镜，一池菡萏；东南两面，古城风貌尽在鸟瞰之中矣。

月塔[1]｜故黄河

月塔位于江苏淮安涟水县城东北 40 公里的唐集镇月塔村。据《安东县志》记载，这是涟水地区著名寺庙——法济寺门外的三塔中最大者，"藏舍利，高七级，有门可登"，因此称为法济塔。

月塔的始建年代不详，从塔的形制、细部结构和砖块的规格来看，应为宋代建筑，明万历三十四年（1605）曾经重修过。近代以来，塔最上一层残缺，新中国成立后得以修复，1982 年 3 月公布为江苏省第三批文物保护单位，2013 年被公布为第七批全国重点文物保护单位。

此塔为典型的楼阁式塔（图 2-19），通体以砖砌而成，塔身为八角形平面，

1　贾珺，黄晓，刘珊珊．江苏上海古建筑地图 [M]. 北京：清华大学出版社，2015.
唐云俊．江苏文物古迹通览 [M]. 上海：上海古籍出版社，2000.

图 2-19　月塔

图片来源：贾珺等《江苏文物古迹通览》

每边边长约 1.83 米，总高 16 米，1995 年全面维修后，恢复第七层及塔顶，通高 20.04 米。底层北面辟壶门入塔室，其余三面门内辟小方室，用以供佛，今无。整个腰檐部分和斗栱均用砖制，仿木构逼真，规制正规。二至四层四面辟门，其余四面隐出球纹和直棂窗，隔层相闪，各层只有一门内外相通，余皆假门。五层以上除五层西壁辟一门外，其余皆素壁。壁内踏道顺时针方向折上至五层止。月塔是江苏省宋代砖塔中不多见的实砌体“壁内折上式”砖塔，塔体量不大，却十分隽秀。细部做法忠实模仿木结构，准确逼真，是古代砖塔仿木构的范例。

相传北宋真宗年间，涟水有位高僧叫卧佛娄守坚，他曾揭黄榜，千里迢迢赴京治好太子赵桢的夜啼症。继位后，赵桢不忘救命恩人娄守坚，敕令在涟水承天寺内建塔纪念。

月塔名字的由来还有着另一个民间传说：涟水境内每年都发大水，传说是一条恶龙作怪，龙头在县城内，龙尾在现在的唐集镇境内。为镇压这条恶龙，玉皇大帝派姑嫂两位女神下凡，分别在龙头和龙尾建造宝塔来镇妖。姑娘在龙头处建造了一座七层宝塔，名曰妙通塔，后人称之为姑娘塔。嫂子女神所建的塔被后人称之为嫂子塔，后来人们觉得这个名字很不雅，也对不起为民造福的神仙，便把她在月光下建造的塔叫作月塔，一直沿用至今。

月塔虽然高度有限，但造型秀美，细部雕刻精致，是淮安现存古塔中艺术水准最高的一座，其内部结构也是江苏古塔中的孤例，具有不可忽视的独特价值。

黄楼[1]｜故黄河

黄楼，楼阁名，是徐州五大名楼（即彭祖楼、霸王楼、燕子楼、奎楼、黄楼）之一，为北宋苏轼所建，是苏轼任徐州知州时率民抗御洪水留下的遗迹，是一个抗洪"镇水"的纪念性建筑。现重修于徐州市黄河南路，庆云桥东，故黄河公园内，坐落于故黄河南岸大堤上（图 2-20 和图 2-21）。

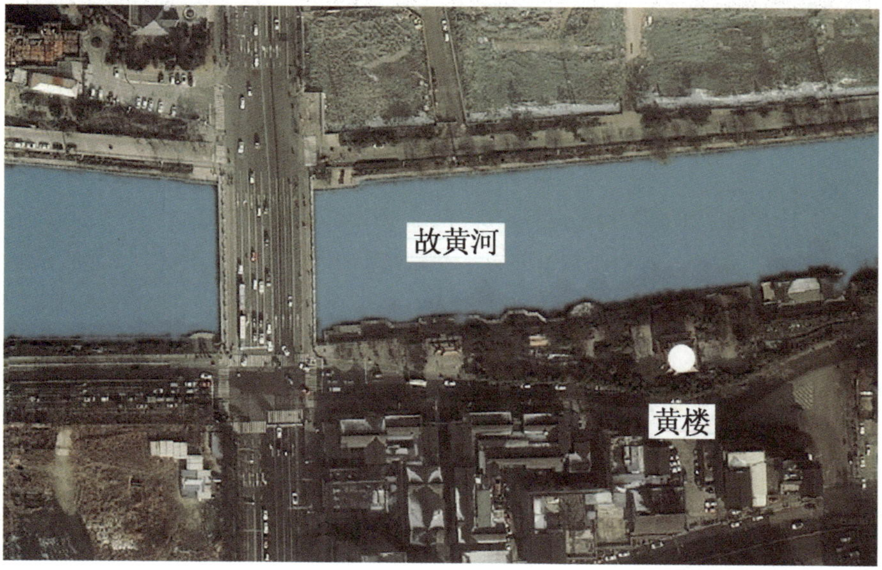

图 2-20　黄楼与故黄河

图片来源：根据百度卫星地图绘制

1　黄河水利委员会黄河志．黄河志第十一辑：黄河人文志 [M]. 郑州：河南人民出版社，1994.
孙厚兴，吴敢．徐州文化博览 [M]. 北京：文化艺术出版社，2003.
荣斌，徐世典．中国历史文化名城 [M]. 济南：山东友谊出版社，1996.

图 2-21　黄楼

图片来源：徐州文旅网

黄楼始建于宋神宗元丰元年（1078）。据苏东坡《奖谕救记》和《宋史·本传》记载：熙宁十年（1077）四月，苏轼来徐州任知州，7 月 17 日黄河在渲州（今河南濮阳）曹村决口，向东沿泗水直奔徐州。8 月 21 日，水及徐州城下，至 9 月 21 日，水势猛增，高出城中平地一丈九尺。大雨昼夜不停，远来的黄水和附近的山洪，汇集一起涌向徐州城。苏轼为了保护城池，当众表示："吾在，是水决不能败城！"他亲自住在城上调集民夫和禁军，与黄水斗争了三十多天，终于解救了被大水围困近三个月的徐州城，取得了抗洪斗争的胜利。宋神宗元丰元年（1078），他在东门城墙上建造高楼，涂上黄土，名曰"黄楼"，取"土胜水"之意，用以镇水。元丰元年重阳节，苏轼在黄楼上宴客赋诗，祝黄楼落成。苏辙撰有《黄楼赋》，由苏轼亲笔书写，毕仲询篆额，堪称三绝。当时著名诗人苏辙、秦观和陈师道等都写诗作赋祝贺。苏轼在《太虚以黄楼赋见寄作诗为谢》中写道："黄楼高十丈，下建五丈旗。楚山以为城，泗水以为池。"真乃气势雄伟，壮人情怀。

直到金代末年，黄楼仍安然立在东门城墙上。元明时黄楼曾迁移到城东北隅，清代多次重修，皆为双层飞檐，四周有平台石栏。黄楼后经清顺治、康熙、道光和同治年间四次整修，但终因年久而颓圮。中华人民共和国成立后于 20 世纪 50 年代拆除黄楼（图 2-22）。

1988 年 10 月，重建黄楼于故黄河畔。新建的黄楼高 18 米，3 层，为黄琉璃瓦覆顶，歇山抱厦，飞檐雕栏，雄伟壮观，有苏辙撰文、苏轼所书的《黄楼赋》碑立于楼内，供人们观赏。富有历史价值、艺术价值的《黄楼赋》碑移立其间（图 2-23），人们能重新观赏到文奇墨妙的《黄楼赋》碑，细怀苏东坡，追忆往事，确实达到了苏门弟子陈师道的愿望：“只应千载后，览古胜当时。”

图 2-22　老黄楼

图片来源：徐州文旅网

图 2-23　黄楼赋碑

图片来源：徐州文旅网

三、枕河人家　水乡民居建筑

枕河人家　水乡民居建筑

水网密集、经济发达的江苏地区，大量人家滨水而居，形成了“人家尽枕河”的沿河风貌及丰富多样的滨水而筑的江苏传统滨水民居。人的活动与周边的环境互相影响、相互作用，两者有着密切的联系。江苏传统滨水民居建筑群所在的水乡聚落是水乡居民根据自己过去的生活经验以及现实的生活需要所建造出来的，它体现了水乡民居的行为活动、当地风俗习惯和传统文化对整体环境以及对建筑的营造有着影响作用。同时，水乡聚落时时刻刻影响着生活在其中的人，潜移默化地改变了人的心理活动，形成了一定的生活方式[1]。

远古时期，江苏地区的原住民因潮湿的气候、多水的环境，将居住环境作为民居建设的首要考虑因素。在原始社会时期，为了克服这种气候条件，这里的先民已经懂得模仿鸟禽类在树上巢居，突显了当地居住模式的特殊性。而从江苏丹阳香草河遗址出土的大量干栏式建筑构件不难看出，这种能够架空于地面的干栏式建筑因其防潮防水、利于通风透气的优势成为当时最理想的建筑形式，后来被广大江苏民众普遍沿用，干栏式建筑则成了最具江苏特色的建筑形式，亦是江苏滨水民居的雏形。从考古中还另有发现，古遗址选址有滨水而居的特点，可见五千多年来，江苏地区村落及市镇皆是依河而居，因水而生，因水而兴[2]。

江苏地区气候宜人，适于居住，优越的地理环境同时也孕育了属于当地的建筑风格。江苏传统民居便利用独特的环境依水而建，形成了江苏传统聚落内部建筑鳞次栉比的景象。水乡因水成市、因水成街，形成了独具特色的亲水居住

1　金轶．江南水乡古镇（浙北）滨水建筑外部空间研究 [D]. 上海：上海交通大学，2008.

2　中国建造技术发展中心建筑历史研究所．浙江民居 [M]. 北京：中国建筑工业出版社，1984.

模式，这类亲水居住模式也体现了水是水乡居民必不可少的生活要素，无锡古运河边延绵数里的水弄堂就是亲水居住模式的典范。随着社会发展进步和各区域文化的交融，江苏滨水民居也受到了各地建筑文化的影响，呈现出新的风貌与特色。

“小桥、流水、人家”是江苏滨水民居构成要素的高度凝练，这类古色古香的自然景观也造就了江苏滨水民居举足轻重的地位。江苏地区拥有大量的滨水民居建筑及丰富多样的建筑滨水处理方式，其中蕴藏着诸多传统智慧。建筑群为水乡营造出独特而意蕴绵长的空间氛围，十分有挖掘价值。

按照江苏省内的河流流域状况划分，江苏省现存古村落主要分布在苏南地区，苏中地区少于苏南地区，苏北地区古村落遗存比较少[1]。江苏传统滨水民居主要出现在江苏南部地区，而传统民居数量以及保留完好程度又以江苏苏州地区为盛。这些滨水民居皆傍水而建，在过去公路、铁路不发达的年代，来往交通以水路为主[2]，民居从选址到具体设计都与河道结合密切。

江苏省现存的古村落，依托长江中下游水乡独特的地理环境，形成了以水为主要媒介的村落空间格局。比较典型的有如下几种村落格局：一、沿水线状布局。村落在较宽水体一侧或跨越较窄水体沿水线状布局。二、沿路呈口袋式布局。从一条方便与外界联系的交通道路引入主要的进村道路，在引入点附近挖掘水塘或水井，栽种大型树木，形成村口，即村民主要的活动场所，村内民居沿村内道路呈团块状展开。三、沿山面水式布局。村落沿山脚布局，并向水体方向扩展。从山上汇集下来的溪流与水体相交处常常成为村落的中心活动地带。寄托村民精神慰藉的寺庙和祠堂常常建设在山腰等相对较高的地方。四、组团式布局。村落基于姓氏、自然资源等条件呈组团式发展。

由于河道在江苏滨水民居中承担着重要的作用，河道的排布也对整个聚落空间场所的结构产生了很大的影响，于是空间中的物质主体——街道、河道、建筑三者，通过密集的水网相连接，可出现几类水乡聚落特有的临水空间格局[3]。

面河式临水空间格局

面河式临水空间格局（图 3-1）[4] 依照街道、建筑与河道的关系，可分为“两

1　尹超，姜劲松 . 江苏省古村落保护与实施状况分析 [J]. 小城镇建设，2010(7)：86-92.

2　程正 . 试论浙江现代农居设计：错层多功能空间型住宅创作有感 [J]. 村镇建设，1993(5)：5-6.

3　中国建造技术发展中心建筑历史研究所 . 浙江民居 [M]. 北京：中国建筑工业出版社，1984.

4　周学鹰，马晓 . 中国江南水乡建筑文化 [M]. 武汉：湖北教育出版社，2006.

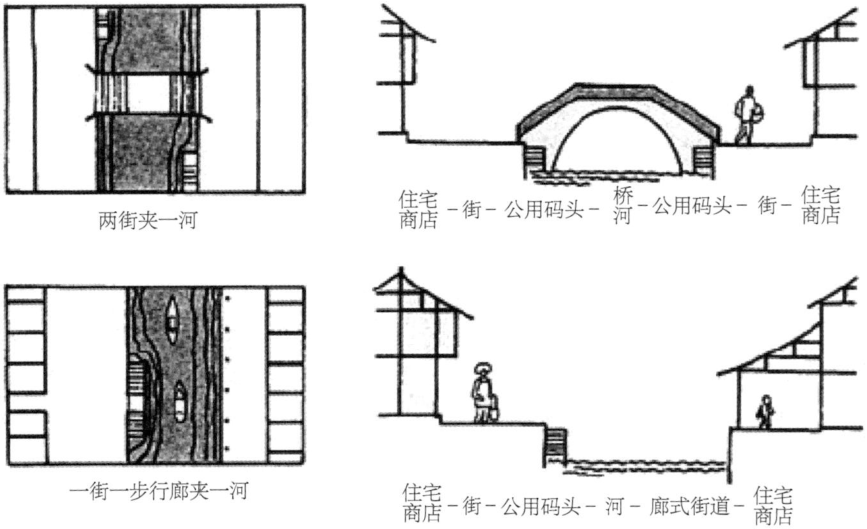

图 3-1　面河式临水空间格局

图片来源：周学鹰等《中国江南水乡建筑文化》

街夹一河”与“一街一河”两种类型。面河式临水空间格局水路交通较为顺畅，客货流量大，主要起到公共运输的作用。

（1）两街夹一河：在滨水的街道外再布置建筑，河道两岸设置了许多公用码头泊船。商店沿街面布置，两条街道均可作为步行道，亦可一面或两面作为廊棚式或骑楼式的步行道，形成了比较开阔的空间，这种布置多出现在交通繁忙的主要水陆运输干线上。

（2）一街一河：两侧布置建筑。在河道靠建筑一侧设置私用码头，靠街道一侧设置公用码头。此类布局多出现在次要水路运输干线上。

背河式临水空间格局

背河式临水空间格局（图 3-2）[1] 的模式大致为：建筑—街道—建筑—河道。建筑形成前街后河的局面，每户可临街开店，临河取水或交易货物，兼得水路交通的便利。从整体空间上来看，街道是公共交易的场所，而河流提供运输功能和日常生活用水。

1　周学鹰，马晓．中国江南水乡建筑文化 [M]. 武汉：湖北教育出版社，2006.

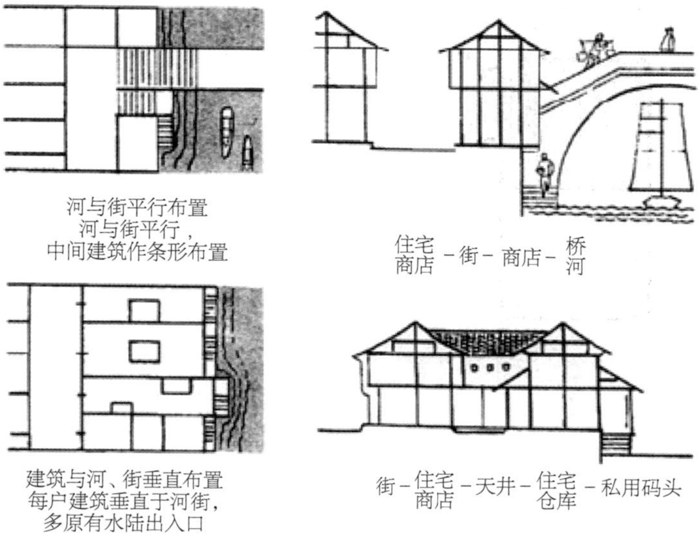

图 3-2　背河式临水空间格局

图片来源：周学鹰等《中国江南水乡建筑文化》

以上是由河、街、建筑三者构成的布局类型，在特殊情况下偶尔仍存在一些变化。

从整体空间格局不难看出，江苏传统滨水民居与河道有多种结合方式，故而形成了变化多样的建筑滨水方式，按照建筑滨水方式可将滨水民居区分为接水型和面水型两类，两者共同形成了江苏传统滨水民居枕河而居的建筑特色和基本格局。

（1）接水型滨水民居

在背河式临水空间格局中，河道较窄，主要承载日常生活功能。此类临水空间格局中，建筑大多采用屋前临街，屋后临河的布置方式（图 3-3）[1]。建筑前的街道为交易场所，而建筑后的河道承担提供生活和交通的作用。在此将这类前街后河布置的滨水民居称为接水型滨水民居，接水型滨水民居的建筑形制大多以中小型居多[2]。

1　杨伟昊 . 江南传统民居建筑临水处理方式研究 [D]. 无锡：江南大学，2016.

2　梁凡，苏民 . 浅谈苏州的沿河民居 [J]. 建筑学报，1982(4)：27-32，84-85.

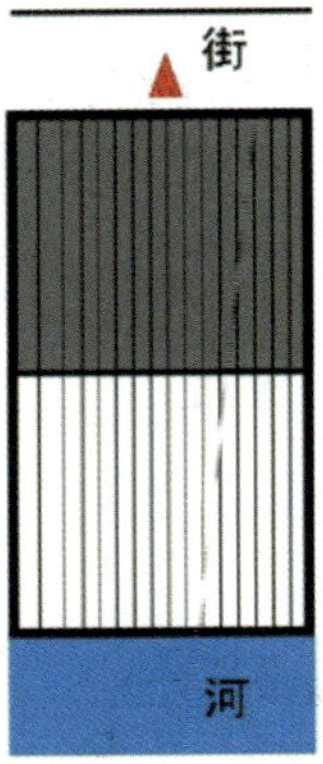

图 3-3　接水型滨水民居平面示意

图片来源：杨伟昊《江南传统民居建筑临水处理方式研究》

图 3-4　苏州剪金桥巷 3#、4# 平面图

图片来源：徐民苏《苏州民居》[1]

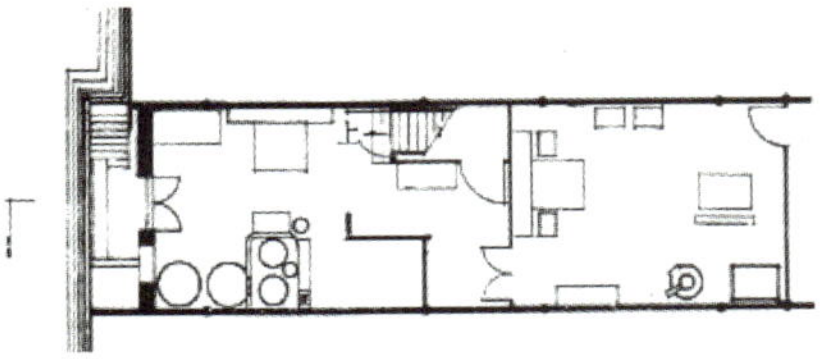

图 3-5　下大路陈宅平面图

图片来源：李秋香等《浙江民居》

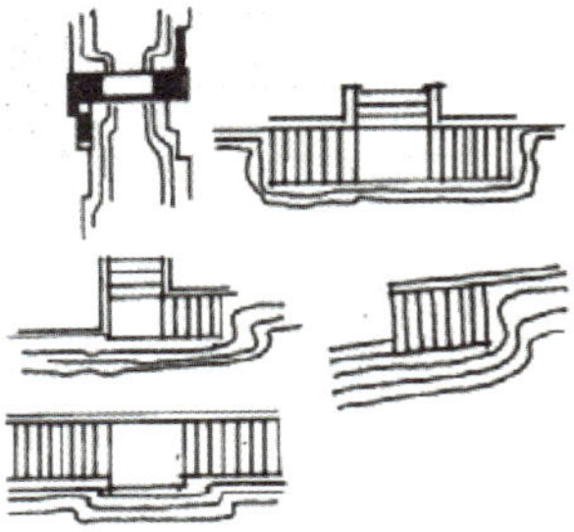

图 3-6　常见河埠头平面种类

图片来源：杨伟昊《江南传统民居建筑临水处理方式研究》

典型的接水型滨水民居按照建筑形制大小的不同可分为两种。其一是在江苏居住密度不高的村落中，常见的三开间单座式独立的小型建筑。建筑平面呈“一”形。建筑主要是居住功能，建筑背部设置河埠头通向水面。此类滨水民居多为村落中普通住户所使用。如苏州剪金桥巷 3 号、4 号宅（图 3-4）。

其二是在江苏传统聚落中典型而常见的一至三开间多进式民居（图 3-5）。因每家每户的建筑滨水不能占地太宽，所以建筑与街道垂直布置，向纵向发展，侧墙并不开窗以便尽量与邻户靠拢。建筑平面呈“|”形或“口”形，依靠内部小天井采光，建筑后部常开水埠头以提供交通方便和取水方便。依据临河房间所在的位置和功能，以及建筑面宽大小，河埠头的形态与位置有所变化，产生了几类不同河埠头的常见处理方式（图 3-6）。这类布局一般被居民、小店主或手工业业主所使用。

1　徐民苏. 苏州民居 [M]. 北京：中国建筑工业出版社，1991.

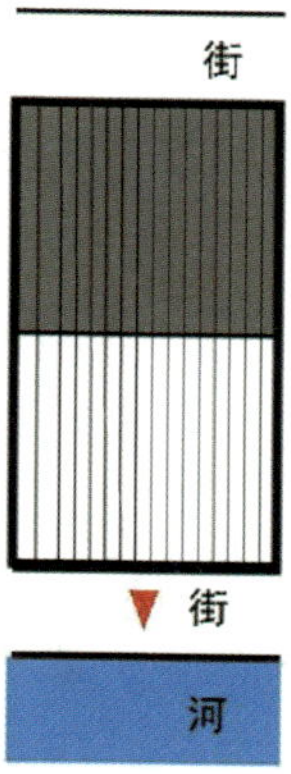

图 3-7　面水型临水民居平面示意
图片来源：杨伟昊《江南传统民居建筑临水处理方式研究》

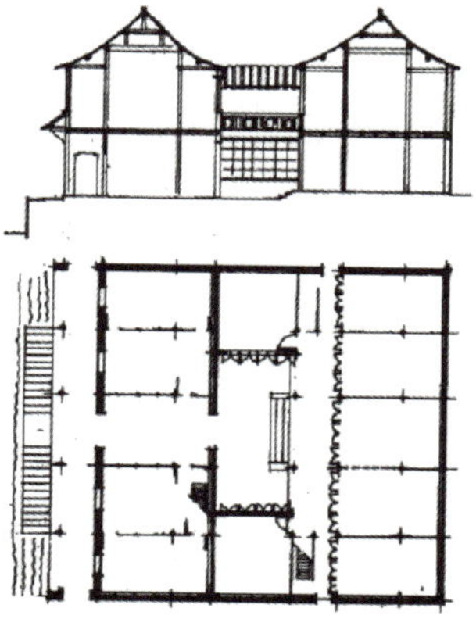

图 3-8　某骑楼式临水民居
图片来源：徐民苏《苏州民居》

（2）面水型滨水民居

在面河式临水空间格局中，水路交通顺畅、人流量大、货物输运繁忙，形成了公共场所空间。河道与街道并行，形成街道夹河，此种建筑形式即面水型滨水民居，面水型滨水民居的建筑布局与接水型滨水民居正相反，指建筑前方面向河道，建筑后部背靠街道布置，建筑前门不直接滨水或间接滨水（图 3-7）。在面水型滨水民居中，各种形制大小的民居均有出现。

典型的面水型滨水民居可分为两种，第一类，建筑与河道之间以街道相隔，建筑面向露天的街道与河道。第二类，在第一类的基础之上，常在屋前的街道上加入各类形式的建构架作为建筑的延伸，使屋前空间形成灰空间，以求加大与水面接触的面积（图 3-8）[1]。

江苏传统滨水民居的起源可追溯至远古时期的干栏式建筑。这类能够架空于地面的干栏式建筑因其防潮防水且有利于通风的优势成为当时江苏民众普遍沿用的建筑形式。江苏传统滨水民居不仅在建筑单体上与河道有密切的联系，而且由建筑单体组合而成的建筑群与河道的组合方式更显多样化。此外，江苏滨水民居以其精湛的建筑技术，创造出整体朴素淡雅的建筑风格，在细部工艺处理上又尤其精细[2]。

1　徐民苏 . 苏州市城市总体规划介绍 [D]. 城市规划，1986(5)：4-8.

2　陈薇 . 走在运河线上：大运河沿线历史城市与建筑研究（上）[M]. 北京：中国工业建筑出版社，2013.

秦淮河房[1]| 秦淮河

河房（图 3-9）是秦淮两岸一种特殊的建筑，其特点是前门临街，后窗面水，大多二进或者三进，正房对河开大窗，滨水的一进向河面挑出，凌波而立，下埋木桩石墩或石构件，上筑轩、阁、亭、台（图 3-10 和 3-11）。

图 3-9 秦淮河

图片来源：中国民族建筑网

1 胡茂川，张兴奇，马晓 . 南京市内秦淮河河房的特征与保护研究 [J]. 四川建筑科学研究，2012(3)：300-303.

黄禹康 . 秦淮河房 [J]. 城乡建设，2013(8)：95-95.

周韵，程功 . 城市化进程中传统聚落的解读与更新：以南京河房为例 [C]// 秦萧，甄峰 . 基于大数据应用的城市空间研究进展与展望 . 城市时代，协同规划：2013 中国城市规划年会，2013.

徐龙梅，徐延平 . 秦淮十里话河房 [N]. 南京日报，2007-06-16.

东南大学建筑学院 . 内秦淮河（甘露桥至西水关段）环境综合整治项目调整深化方案 [R].

王迅 . 这些“坊”，藏着老南京的往事 [N]. 周末，2018-01-25.

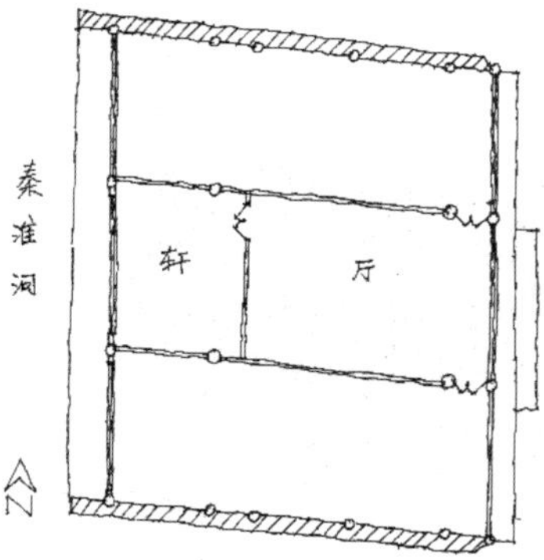

图 3-10　河房平面图

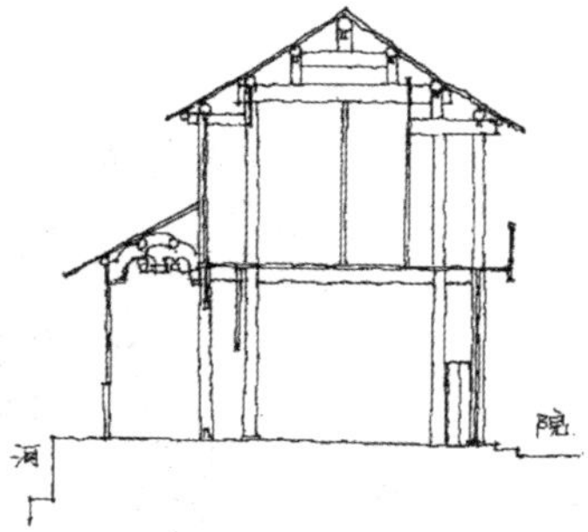

图 3-11　河房剖面图

图片来源：根据《南京市内秦淮河河房的特征与保护研究》绘制

“南京河房，夹秦淮河而居。绿窗朱户，两岸交辉，而倚槛窥帘者，亦自相辉映。夏月淮水盈漫，画船箫鼓之游，至于达夜，实天下之丽观也。”从明吴应箕《留都见闻录 · 河房序》的文字中，可想见南京河房绮丽繁盛的景象。

秦淮河，拥有中国第一历史文化名河的盛名。悠悠秦淮水，脉脉岸边柳，无不见证了十朝古都的兴衰，使其成为文人墨客的感怀之地。其水系内的干支流、源头水库湖泊、历代开挖的运河，如破冈渎、赤山湖、胭脂河等历史悠久，展现出古代水利科技的杰出水平。干支流与长江的互动交织，使得依傍其生的南京繁荣发展，孕育出流域独具特色的城市文化、亲水文化、工商文化等。秦淮河房即秦淮河上一种独具特色的滨水民居。当年《儒林外史》的作者吴敬梓从安徽迁来南京定居，购置的秦淮水亭就是这样的河房。旧时南京内秦淮河两岸河房绵延十多里，比比皆是，但在城市更新过程中，绝大多数河房已成为回忆。

糖坊廊 61 号河房（图 3-12）位于南京市秦淮区中华门内镇淮桥西北的糖坊廊，地处夫子庙秦淮风光带，是南京内秦淮河现存河房建筑中保存最完好和历史文化价值最大的一处，为江苏省文物保护单位“秦淮民居群”之一。

糖坊廊河房由徽商陶氏建于清咸丰年间（1851—1861），距今已有 150 多年。据仍居住于此的陶氏后人陶其明介绍，她的先祖走南闯北后在南京秦淮河畔的糖坊廊定居下来，滨水建造了这处河房，原建筑群为“连家店”模式，住宅、花园、染坊、德泰和布庄沿河并置。“那时候周围的百姓没有不知道德泰和的，这里离中华门近，做的就是城里城外贸易往来的生意。”为此，陶家还修建了

图 3-12　南京秦淮区糖坊廊 61 号河房

图片来源：王迅《这些“坊”，藏着老南京的故事》

专用的码头。当时，河房临河的两端各有一个码头，如今码头已经拆除，但是下河的石阶留存了下来。这组建筑东侧临街，西侧临河，水陆交通便利，生活生产用水方便。二战期间，曾遭遇火灾，烧去左院，现存的为右院。

现存右院为住宅部分，其整体无论外观平面造型还是内部空间造型都呈菱形，就连地砖也是菱形的，是中国唯一的“菱形”河房。现存河房是由三座二层楼组成的三合院。从天井处院门进入，东侧临街一座楼房为家族成员居室；西侧临秦淮河一层为厅堂，二层为内眷居室，滨水一侧一层外檐向河面突出，梁架下有拱轩装饰，墙面装有可拆卸的裙板和百叶窗，方便采光通风。厢房内有窄而陡的楼梯通向二层，二层有跑马廊可以环通。

糖坊廊河房的木构件雕刻十分精美，跑马楼檐下栏板雕花完整地再现了“桃园三结义”“三顾茅庐”“周瑜打黄盖”等三国故事场景，而且看上去人物面部依然清晰。楼下十二扇花隔门的上半部，刻有梅、兰、竹、菊“四君子”图案，以及麒麟、仙鹤、凤凰、猴子等象征吉祥如意的动物，个个不重样。除了极少数木雕有些磨损，绝大多数雕刻均保存完好，令人叹为观止。高大的封火山墙，在秦淮河畔尤显突出。整座河房建筑体现了南京传统民居“青砖小瓦马头墙，回廊挂落格扇窗”的独特风格。

1989 年秦淮河河道整治，河房基往南向河一侧倾斜下沉，封火墙从墙头到墙脚出现裂缝，建筑整体年久失修，房屋木结构整体倾斜，屋面漏水，门窗栏杆破损严重。2015 年在省市文物维修基金与原住民陶氏后人的共同支持下，开展了“秦淮民居——糖坊廊河房”危旧房改造维修工作，现已完工，陶氏后人仍居住其中。

杨柳村[1]| 杨柳湖

南京杨柳村位于南京市江宁区湖熟街道秦淮河平原，南邻杨柳湖，整体空间格局为“丘陵—古村—湖塘”，南邻杨柳湖，极富江南水乡特色（图 3-13）。

图 3-13　杨柳村总平面图

图片来源：根据百度卫星地图绘制

1　陈光庆，夏军 . 江苏古村落 [M]. 南京：南京出版社，2016.
周岚，朱光亚，张鑑 . 乡愁的记忆：江苏村落遗产特色和价值研究 [M]. 南京：东南大学出版社，2017.

“杨柳岸，晓风残月。”北宋词人柳永在《雨霖铃》中，寄情水岸杨柳，写尽了人世间的离愁别绪。在南京的江宁，有一处缘水而建的杨柳村，在湖光山色之间默然矗立，一座座青砖黛瓦、雕梁画栋的高门深宅掩映其中，安静地诉说着历史的过往。

杨柳村古村落民居建筑群位于南京市南郊江宁县龙都乡西北，地处秦淮河平原，是目前南京市发现的保存相对集中、村落整体建筑面积最大的古民居建筑群，也是典型的江南地区古民宅建筑，带有鲜明的南京地域特色（图 3-14）。它整体呈现“东西长，南北窄”的狭长形态，村舍大都依山傍水而筑：背依马鞍山，前临碧波荡漾的杨柳湖，富有浓郁的江南水乡特色。村里人认为，杨柳村是个“砚台地”，而杨柳湖就是“砚池”。村落建筑的砖雕、木雕和石雕，尽管历经百年风雨的剥蚀，仍然可见当年的风华盛貌。“无山无水不成居，无宅无院不雕花”正是整个村落的山水态势和建筑特色的摹写概括。

图 3-14　杨柳村风光

图片来源：中国民族建筑网

杨柳村分中杨柳、前杨柳和后杨柳三个自然村。按照时代顺序排列，中杨柳最早，大约建于明代早、中期；其次是前杨柳，始建于明万历七年 (1579)；后杨柳则为清代咸丰以后所建。清咸丰年间，中杨柳村已毁于兵火，只有前杨柳村的 36 座宅院组成古建筑群得以存留。经过岁月洗礼，如今，保存比较完整的共有 17 个宅院，共 37 进，366 间房屋，建筑面积 11 160 平方米。杨柳村古建筑群结构周密严谨，均为坐北朝南的多进穿堂式高墙深院。一般为三进、四进、五进，最多的“翼圣堂”是“七进，十八道门槛”。其规模格局大体保存传统风格，在中轴线上建门厅、轿厅及住房，并在左右纵轴线上，布置有客厅、书房、次要住房和厨房、杂屋等。三条轴线并行，构成了中、左、右三组纵列的院落群体。

村落里的一个个自成体系的独立院落，又名之为“堂”。厅堂内部根据不同需要，用隔扇、屏门等自由分隔，上部天花除采用“望砖”之外，还做成各种形式的“轩”，精巧美观，富于变化，并在梁架上饰有精美的图案雕刻，梁栋均不施彩绘，素雅明净。每个宅院的后部住房大都为二层建筑，楼上宛转相通，和江南其他地方的建筑结构基本相似，但又有其独到之处：一般采用穿斗式木构架与抬梁式的混合结构，外围砌较薄的空斗墙。宅院之间闾巷相连，全部以青石板铺路，条石为阶，杨柳村人说，“青石墁地石门楼，走进杨柳不沾泥”（图 3-15）。

图 3-15　杨柳朱氏宗祠

图片来源：中国民族建筑网

杨柳村的每组院落都有一座高大的门楼，其中比较好的 13 个门楼的题额为：“旋马遗规”“遵循韦训”“出耕入读”“居安由正”“斯道常由”“由斯直步”“斯道坦然”“缓步凝思”“行仁履义”等，均为楷书砖雕，四周饰以人物、花卉等精美图案，富有浓厚的明、清建筑风格。这些雕刻砖石门楼，纹式精美，刻工细致，显示了古代劳动人民的卓越才能。

如今，杨柳村的主要住户有朱、刘、时、赵四大姓。朱家住在杨柳村已有四百多年，子孙繁衍已有十五代。杨柳村古建筑群，古朴而典雅。建筑设计独具匠心，是江南地区典型的民宅建筑。它的存在为研究杨柳村的村史和探索朱氏家族的发迹史，提供了重要线索和实物依据，更为重要的是，对于研究明、清时代江南地区建筑史具有一定的价值。

杨柳村古村落民居建筑群作为南京12片重要历史文物保护地段之一，2002年被列为江苏省文物保护单位，2013年被列为全国重点文物保护单位，入选“中国传统村落名录”；2014年被国家正式列入“中国历史文化名村”名单。目前有关部门正在加强保护和维修。

东山民居[1]| 太湖

“城中遥指一螺苍，到此依然自一乡。晓鼓隔溪渔作市，秋风吹枳橘连墙。名山更倚湖增胜，清赏刚临月有光。正尔会心空又去，不如僧住竹间房。”（文征明《洞庭东山诗七首·游洞庭将归再赋》）洞庭东山，位于苏州吴中。东山是延伸于太湖中的一个半岛，三面环水，万顷湖光连天。这里的传统村落依山而建，傍水而生，无论是骑楼还是民居都以其独特的建筑风格而闻名于世。

东山位于苏州市南部，是太湖中最大的陆连岛。东山不同于其他的江南水乡，它不处于江南发达的水网节点上，而处于水运交通的末端。特殊的半岛地理环境，使东山的村镇具有枕山面湖，秀中藏幽的整体格局。由于太湖自古水患为大害，村民们居住的村落选址多在距离湖边一段距离的山麓地带，按照村落形态及其和山体与湖岸线不同的位置关系，村落们被命名为湾、港、村、巷、里、坞等。村民出行依赖水道，山水下泄也经由村镇的水系通往太湖，村镇形态受水系影响极大。

明清至民国，富裕的洞庭商帮回乡创置地产，建设了大量精美的宅邸。由于东山地辟，为数众多的明清住宅保存下来。显示出东山在这一时期的富裕与追

1　王仁宇，姚勤德．吴中古迹 [M]. 南京：凤凰出版社，2015.

苏州市吴中区文物管理委员会办公室．吴中文物·古镇、古村、古建筑 [M]. 上海：上海科学技术出版社，2017.

臧丽娜．明清时期苏州东山民居建筑艺术与香山帮建筑 [J]. 民俗研究，2004(1)：129-139.

周岚等．历史的印记：江苏历史文化名镇的特色和价值 [M]. 南京：东南大学出版社，2019.

求华丽的风俗。这些民居主要分布在新义村、陆巷古村（图 3-16）、杨湾古街等地，保存较为完好的有明善堂、绍德堂、瑞蔼堂、凝德堂、遂高堂等，通过这些民居的平面布局方式和建筑装饰特色，可以看出这些古老的建筑物既具有苏派民居的典型特征，又具有独特的地域建筑艺术特色，体现了当地“香山帮”匠人的精湛技艺，并由此折射出民居文化中蕴涵的传统审美心态。

图 3-16　东山陆巷古村平面图

图片来源：根据百度卫星地图绘制

春在楼主楼前楼的梁、枋、柱、栏、窗等处刻吉祥图案、三国故事、二十四孝及戏曲场景，兼用科林斯式柱头、西式铁铸栏杆、“十字架”、彩色玻璃等西方建筑手法装饰。后楼的特点是采用外观两层内实三层的结构手法，以回廊联通前后楼。楼北花园小巧玲珑，因地制宜布置水池、曲桥、假山、亭榭、花木等。楼南一厅，为明代建筑。

明善堂（图 3-17）是一座建筑艺术极高的明代后期民间住宅建筑。宅院坐北面南，临街而筑，其布局分东西两路：东路依次有花厅、大楼、住楼、厢房等；西路有墙门、耳房、客厅、佛楼、花

图 3-17　明善堂石库门

图片来源：王仁宇等《吴中古迹》

园。间有备弄相通，墙垣相隔，形成若干个独立的小庭院格局。大楼前的门楼与西侧照墙是该建筑装饰的精华部分，也是苏南地区明代砖雕艺术的杰出代表。门楼作发戗牌科式，飞檐翼角，轩昂华丽。定盘枋上用一斗六升拱十攒承支抛方、飞椽。坐斗镂空作荷叶状。垫拱板镂雕古钱、回纹等传统吉祥图案。宁额细砖贴面,空白无文,寓“白璧无瑕”之意。左、右兜肚内分别雕“麒麟送子”“独占鳌头”图案，有“子贵登科”之喻义。下枋满饰“凤穿牡丹”浮雕图案，上枋深雕彭祖的故事。下面外露不贴细砖的青石天漫石，石上浅雕山茶、牡丹、芙蓉、金橘等花果纹饰，并簇拥一个硕大的圆形“福”字，寓“一团福气”之意。两侧垂花柱末端透雕莲花，花形怒放，生机盎然。其建筑装饰融砖雕、木雕、石彩画艺术与一炉，是苏南地区明代群体住宅建筑的优秀代表性。

图 3-18　怀荫堂梁架

图片来源：王仁宇等《吴中古迹》

怀荫堂（图 3-18）两层，11 间，建筑面积 200 多平方米。该宅的整体建筑和木雕、砖雕颇具艺术特色，其大门形制“霸王撑”代表了明代建筑的特色，十分罕见，木雕、砖雕雕刻生动，栩栩如生，是目前保留较为完好的明代建筑。

凝德堂（图 3-19）是明代晚期一座彩画艺术极精美的民居。该堂初创时规模宏大，在中轴线上分布着门屋、正厅、住楼三进。左有书楼、客房，右有花厅、花园，中有备弄纵横相连，布局合理，功能分明。凝德堂由于屡易其主，历尽沧桑，现仅存正厅、仪门、门屋三座建筑，共 676 平方米。 凝德堂的彩画集苏式彩画艺术之大成，有“江南彩画第一堂”之称（图 3-19）。现有彩画 88 幅，其中正厅 61 幅，仪门 18 幅，门屋 9 幅。凝德堂彩画的基本形制为“包袱锦”，按凝德堂梁枋大小、位置绘出各种纹样。其色调以紫为主，兼以棕、黄、红、绿，给人以明快、淡雅、秀丽的感觉。正厅上的彩画分别施于梁、枋、斗拱、山垫板等处。梁桁中间所绘的包袱锦图案，由各种大小不一的花朵和曲线组成，裹在梁桁表面。这种彩画形式，被称为苏式锦袱。梁桁两端的箍头部分，绘有

图 3-19　凝德堂大厅

图片来源：王仁宇等《吴中古迹》

宝相莲花。斗拱仅以色勾勒边沿卜彩。而尤为难得的是正厅明间脊檩上的彩画，所绘图案由三个菱形组成，在三个菱形中绘有“锭”与“笔”，具“笔锭胜天”之意。所绘图案，纹样精细，线条柔和，寓意深刻，透露出浓郁的民俗气息和典雅的艺术美。

东山民居建筑建成年代较早，做工技法较为古老，是研究苏州地区明代住宅建筑的典型实例。东山民居凝德堂彩绘保存数量较多，艺术价值很高，是明代苏式建筑彩绘艺术的典范。

敬业堂[1]| 周庄水乡

周庄地处太湖东侧，其北侧的白蚬江，西北通三江口，东南连淀山

1　阮仪三，马元浩．中国江南水乡摄影集 [M]. 上海：同济大学出版社，1995.

昆山市政协文史征集委员会，昆山市文化馆．昆山文史第 12 辑：昆山习俗风情 [M]. 昆山市文化馆，1994.

雍振华．周庄沈厅 [J]. 古建园林技术，2007(3).

苏州市人民政府网 [EB/OL]. http: //www. suzhou. gov. cn.

周庄旅游官方网站 [EB/OL]. http: //www. zhouzhuang. net.

周岚等．历史的印记：江苏历史文化名镇的特色和价值 [M]. 南京：东南大学出版社，2019.

湖通松江府（今青浦），承接太湖和京杭运河，为漕运交通要道。周庄镇外湖荡密布，镇内河网纵横，并保存有大量古典宅院、桥涵码头，敬业堂（图 3-20）便是周庄传统民居建筑中极具代表性的一例。周庄有“中国第一水乡”的美誉，2003 年被公布为第一批中国历史文化名镇。

图 3-20　敬业堂（沈厅）平面图

图片来源：根据百度卫星地图绘制

敬业堂俗名“沈厅”，由元末明初江南巨富沈万三后裔沈本仁于清乾隆七年（1742）建成。位于昆山周庄富安桥东堍南侧的南市街上。敬业堂在对周边环境处理上因势就形，建筑布局受河道朝对关系影响，不强求南北朝向，因为位于南北向市河东岸，也就随遇而安地采用东西朝向。整座宅邸七进五门楼，大小房屋共有一百多间，分布在一百米长的中轴线两旁，占地两千多平方米（图 3-21），为全国重点文物保护单位。沈厅原名敬业堂，清末改为松茂堂，由元末明初江南巨富沈万三后裔沈本仁于清乾隆七年（1742 年）建成。

沈万三，名富，字仲荣，行三，吴人呼他为沈万三。元朝中叶，沈万三的父亲沈佑由吴兴（今浙江湖州）南浔沈家漾迁徙至周庄东诧，后又迁至银子浜。沈万三致富后，把苏州作为重要的经商地，寻求进一步发展。他曾支持过苏州张士诚的大周政权，张士诚也曾为沈万三树碑立传。据传说，明初，朱元璋定都南京，沈万三捐资修筑了都城的三分之一，于是朱元璋便封他两个儿子

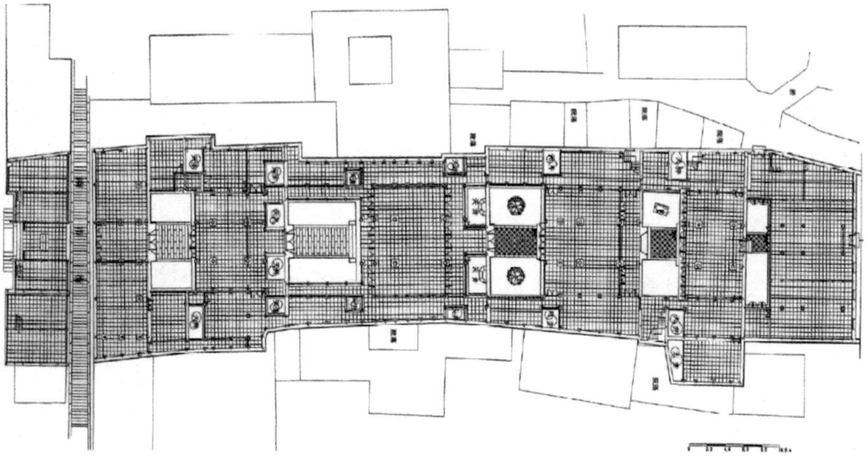

图 3-21 敬业堂（沈厅）总平面

图片来源：雍振华《周庄沈厅》

为官。沈万三在南京站稳脚跟后，花费巨资建造舒适的住宅，据记载有“廊庑一千六百五一十四楹，酒楼四座”等。后来，沈万三因口出狂言，想代皇帝犒赏三军，得罪了朱元璋，被发配云南充军，在荒凉的边境度过余生。沈厅由沈万三后裔沈本仁于清乾隆七年 (1742) 所建。

敬业堂有大小一百多间房屋，为典型的“前厅后堂”建筑格局，前部是水墙门，供停靠船只、洗涤之用；中部是墙门楼、茶厅、正厅，为接送宾客，办理婚丧事及议事之处；后部是大堂楼、小堂楼、后厅，为生活起居之处。前后楼屋之间均由过街楼和过道阁连接，形成一个大的“走马楼”。

正厅松茂堂（图 3-22）面阔十一米，前有轩廊，进深七檩十一米，厅后有廊。正厅正面成正方形，厅两边是次间屋，有楼与前后厢房相接。屋面为两坡硬山顶，除六檩至七檩为单屋顶棚，其余都是双屋顶棚。厅内梁柱粗大，镌刻有蟒龙、麒麟、飞鹤、舞凤等花饰。厅堂中央悬匾一方，“松茂堂”三个凸出的泥金大字，为清末状元张謇所书。

朝向正厅的砖雕门楼（图 3-23）是五个门楼中最宏伟的一个，高达六米，三间五楼，上覆砖飞檐，刁角高翘，下承砖斗拱，两侧有垂花莲，下面是五层砖雕，布置紧凑。正中有匾额，刻有“积厚流光”四字，四周额框刻有精细的红梅迎春浮雕。砖雕门楼上还镌有人物、走兽及亭台楼阁等图案，包括

图 3-22　敬业堂厅堂

图片来源：中国民族建筑网

图 3-23　沈厅第四进门楼

图片来源：阮仪三等《中国江南水乡摄影集》

《西厢记》《状元骑白马》等古典戏文，线条精细流畅，人物神态各异，栩栩如生。在一块长不盈尺的砖板上镌刻前、中、远三景，其刻工之精、构思之巧，足可与苏州网师园中的砖雕门楼媲美，可惜在“文革”中遭受破坏，已面目全非。

大堂楼木梁架造型浑厚，一律为明式圆形图案。地板大多是六十厘米左右宽的单幅松板，坚固结实，可以想见当年建造时工程的艰巨。大堂楼的栏杆与棂窗制作较为精致，与前厅的建筑风格有所不同，属徽派风格。沈厅的第五进中，安放着江南豪富沈万三的坐像。

整个建筑规模宏伟，布局严谨，雕饰华丽，精雅古朴。1986 年、1990 年、1996 年分别对沈厅进行了维修。

师俭堂[1] | 震泽水乡

“太湖湖水连天阔，中有灵区号震泽。”师俭堂位于江浙交界的苏州震泽镇，在穿镇而过的京杭大运河頔塘段北岸，三面临水，一街中穿，南北两面均可前门上轿，后门下船，水陆称便，反映了江南水乡民居顺应和利用自然条件，因地制宜的特点。

师俭堂是江南水乡市镇民居的典型代表，位于著名的江南水乡古镇——苏州市吴江区震泽镇。作为世界遗产中国大运河的组成部分，頔塘河自平望莺脰湖向西经震泽、南浔流向湖州，贯穿震泽镇区中央，形成一河两街的带状水乡格局，故在震泽又被称为市河，其北岸称为上塘，南岸称为下塘。上塘是主要商业街区所在，呈现街—屋—河的“背河式”格局，即街道两侧为店铺，靠河一侧建筑背面设码头或埠头；下塘则以屋—街—河的“面河式”为主，即街道

1 石荣 . 造园大师计成 [M]. 苏州：古吴轩出版社，2013.
苏州市吴中区文物管理委员会办公室 . 吴中文物：古镇、古村、古建筑 [M]. 上海：上海科学技术出版社，2017.
龚良 . 江苏省文物科研课题成果汇 2002[M]. 南京：南京师范大学出版社，2010.
徐森 . 江南水乡民居建筑修缮保护中地方传统工艺技术的继承与运用 [D]. 南京：南京工业大学，2014.
吴江档案局 [EB/OL]. http://www.wujiangtong.com.

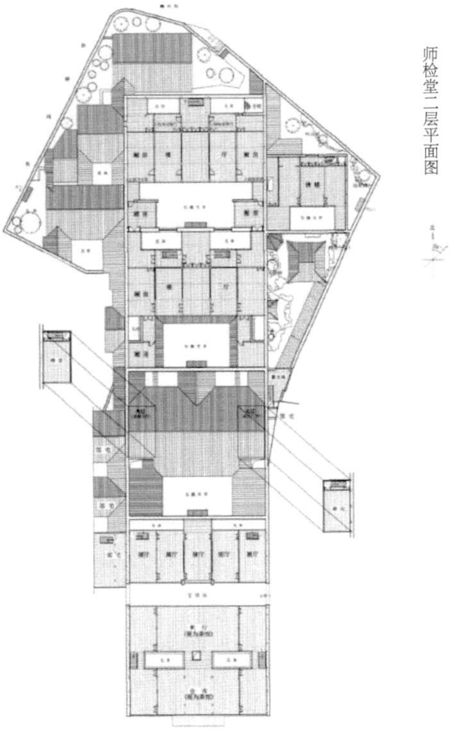

图 3-24 师俭堂平面图

图片来源：徐森《江南水乡民居建筑修缮保护中地方传统工艺技术的继承与运用》

一侧临河，一侧为店铺。

位于上塘的师俭堂三面环水，南面为市河（即頔塘），是江南地区丝、茧、棉、粮等物资集散与运输的主要通道，给当地带来了极为有利的水运和贸易条件，西侧、北侧小河属于水乡地区繁密的支河港汊（现已填没），承担着生活往来、泄洪排涝等功能，同时也使建筑用地变得极不规整。为了适应水系和用地条件，师俭堂通过三条轴线空间的巧妙组合，不仅形式上正欹相生，主次分明，而且功能上丰富多样，各得其所（图 3-24）。整组师俭堂建筑集河埠、行栈、店铺、街道、厅堂、私家花园等多种功能和形式于一体，宝塔街穿宅而过，街两侧均为“前铺后宅”，均可前门上轿，后门下船，水陆称便，反映了江南水乡民居顺应和利用自然条件，因地制宜的特点。

据记载，师俭堂建成于清同治三年（1864）间，堂主名叫徐汝福。“师俭”两字源出于《史记·萧相国世家》：“后世贤，师吾俭；不贤，毋为势家所夺。”其义不仅反映了主人勤俭持家，谨慎经营的态度，也点出了整个师俭堂的格调和品位。民国年间，第七代孙徐启丞承接祖业，徐家已成当地经营丝经、米业的巨商。其时，师检堂为“河一房一街一房”典型的沿河商业空间模式。大厅作为徐氏家族自营的恒懋昶丝经行，临宝塔街的南北铺面、堂楼等均出租给“高万丰”米行、“泰三”丝经行等商行使用，其余房屋为居住用。

处于水乡河网密布区域的师俭堂，建筑用地受到水网的分隔在一定程度上影响了建筑用地的规整；另一方面，水路也为师俭堂带来极为有利的货运条件；

图 3-25　师俭堂码头

图片来源：吴江档案局官网

宅前的大河承担着物资的集散与运输作用；宅西侧和北侧的小河承担着生活来往与安防的重要作用。

师俭堂的建筑位于水上运输的要冲之地，三面环水，水陆交通均非常发达（图 3-25），便于生活和贸易的往来，穿宅而过的宝塔街是一个繁华的商业街区。而师俭堂更是集河埠、行栈、店铺、街道、厅堂、私家花园等多种建筑形式于一体，是“前铺后宅”的典型代表。其中前铺的商业功能突出，在民国时期，师俭堂内的店铺竟多达十二家。

师俭堂共前后六进，有码头、商铺、花园，大大小小的房间共一百多间。在第二进与第三进之间，还夹着一条宝塔街。堂以宝塔街为界，分南北两部分。从南向北依次为中轴、东轴和西轴。中轴：河埠、仓库、铺面、宝塔街、门厅、大厅、楼厅、内宅、后天井、河埠；东轴：河埠、铺面、宝塔街、黎光阁、半亭、假山、曲廊、四面厅、梅花亭、佛楼、后天井、河埠；西轴：河埠、铺面、宝塔街、铺面、备弄、走廊、厨房、河埠、杂屋、柴房等。每进之间有石板铺地的院子或天井，路与路之间设置备弄、封火墙。街北门厅南向上部有木雕门楼，宅内三进有砖细墙门；共有六个河埠贴水而建，其中一个商用，一个公用，四个家用。

师俭堂其单体建筑有南北两路，北路有花厅、附房；南路有门屋、祖屋、大

图 3-26　师俭堂厅堂

图片来源：吴江档案局官网

厅（图 3-26）、楼厅两路单体建筑之间有备弄贯通。大厅、山墙设五山屏风式封火。面阔三间，进深九檩，为内四界前重轩形式。楼厅、面阔三间带两厢楼。底楼副檐做法。二楼廊柱退半界，骑廊形式。楼厅前塞口墙正中设砖雕牌科墙门一座。花厅，取名凝香书屋，为内四界前轩后双步形式。

师俭堂的各种雕刻精美非常。门楼有砖刻，飞檐有木雕，裙板上还有漆雕，将神话传说、戏剧故事融入雕刻之中，形态生动。院内还有两道花瓶造型镂空的院墙，寓意“平平安安”。所有建筑内共有 244 幅雕刻，其中砖雕 27 幅，石雕 4 幅，木雕 213 幅。师俭堂隔扇棂格由回纹、藤纹、龟纹、冰裂纹等图案构成，内面是在油漆过的绦环板、裙板上雕刻花鸟，隔扇内侧由徐伯铭将其收藏的“汉元康铭”“汉舞铙一”“颖阴宰之印”“汉铎”“长寿半钩”“新莽泉范文底”等古董临摹后，刊刻在油漆绦环板上。师俭堂第三进门厅临街建有一座 4 米宽的木雕门楼。第一幅雕刻说的是状元及第的故事；第二幅说的是三国时诸葛亮驱船前来迎接从东吴归来的刘备；第三幅刻的是“福禄寿禧”四神。师俭堂裙板上是清代宋谷年在益寿轩内创作的“水仙”“梅花”“竹子”“菊花”花卉一组，由清代精于竹刻的金之骏刊刻。外侧是徐伯铭关于收藏书画真伪的鉴定文字，由清人坚白写成行书，梦吉（即金之骏）用线刻的手法刊刻在清水裙板上。师俭堂墙门字牌内镌“职思其居”四字,并署“辛酉春月蔡元定”款识。

师俭堂内有座小花园，名叫“锄经园”，布局紧凑，精美雅致，面积不足一亩，造园功力却不一般。这里容纳了四面厅、五角亭、回廊、藜光阁等建筑主体以及山石小径花草藤蔓，东边沿壁是一回廊，西边垒起假山，假山上面倚墙建了一个半亭，充分利用空间，不显拥挤。建筑群高低起伏，错落有致，围墙上空花漏窗，疏远阔朗。进四面亭时，要经过数块石头构成的小桥，园中本是无水的，却让人感觉有水。奥妙在于脚下的鹅卵石道，每逢下雨,形状不一的凹陷之处便会积蓄雨水,看着就像点缀在园间的一汪汪小水池,倒映着假山花木，别有情趣。长廊贯通东西，高低起伏，舒徐有致，行走在廊间居然有一种上桥下桥的意境。园内种有桂花、广玉兰、枇杷、梅花等，桂树同玉兰树一起，象征“金玉满堂”“玉堂富贵”，花开之时，香满街巷。

师俭堂布局规整，整体建筑精美，是一座反映晚清工商绅士坐行经商时代特点和地方特色的代表性建筑。作为历史文化的载体,其具有重要的历史、科学、艺术价值。2006 年 5 月 25 日，师俭堂被中华人民共和国国务院公布为第六批全国重点文物保护单位。

春在楼[1] | 太湖

春在楼在太湖东山镇民居中独具一格，不仅是香山帮匠人极尽奢华的雕刻艺术集萃之作，更因采用了东山洞庭商帮自上海采购的铁制栏杆和彩色玻璃窗等西式建筑材料，成为近代化大都市与偏僻乡村之间通过水运和陆运联系在一起的见证（图 3-27）。

1　苏州市吴中区文物管理委员会办公室 . 吴中文物：古镇、古村、古建筑 [M]. 上海：上海：上海科学技术出版社，2017.

余康麟 . 江南第一楼：雕花大楼 [J]. 贵阳文史，2006(4)：47-49.

孙迎庆 . 江南名宅春在楼 [J]. 寻根，2008(02).

韩欣 . 中国古代建筑艺术（下）[M]. 北京：研究出版社，2009.

中国民族建筑网 [EB/OL]. http：//www. naic. org. cn/html.

周岚等 . 历史的印记：江苏历史文化名镇的特色和价值 [M]. 南京：东南大学出版社，2019.

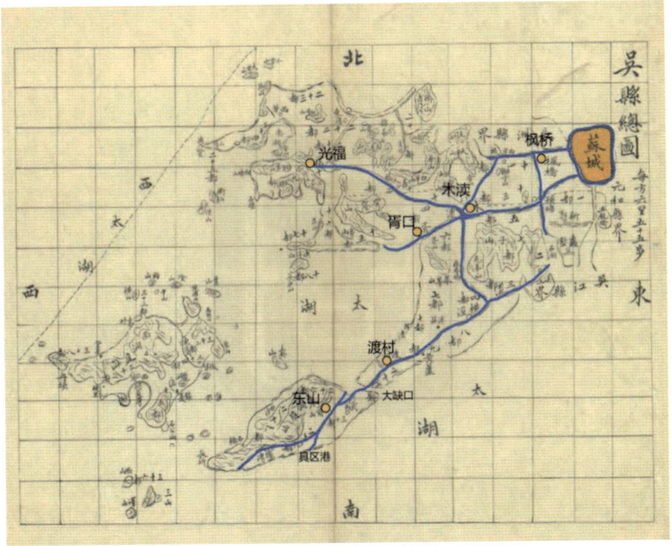

图 3-27　东山与苏州城之间历史水系图

图片来源：民国吴县志吴县图

苏州洞庭东山是伸入于太湖中的半岛，因农田面积极为有限，在明代就已形成了外出经商的传统，形成了著名的太湖洞庭商帮。东山商人从山下各浜港出发，通过具区港或者湖船走向苏州乃至全国，商业活动影响远播，积累的财富往往用来在故乡置办房产以备晚年生活。鸦片战争与太平天国运动之后，上海作为通商大埠迅速崛起，大批洞庭商人成功地在上海跻身买办业、银行业等金融行业，随后又将金融资本投入产业，开办丝绸、棉纱等实业，并于 20 世纪初成立了旅沪同乡会，协助家乡开展水利、治安、道桥、教育、卫生医疗建设，东山和周边城镇之间“皆通水道，有小轮航船往来”，春在楼正是这一历史过程的见证。

春在楼的宅名典出苏州清代学者俞樾殿试名句“花落春仍在”，是由在上海做棉纱生意发财的东山商人金锡之回乡建造的，民国十一年始建，民国十四年竣工。该楼由香山帮匠人建造，极尽工巧奢华之能事，砖雕、木雕、泥塑、彩绘、壁画几乎覆盖整座建筑（图 3-28 和图 3-29），因此俗称“雕花楼”。更为值得关注的是，该楼阳台采用的铁制栏杆和彩色玻璃窗都是当时上海流行的西式建筑材料。春在楼见证了上海东山商人的活动和现代水运的发展，“真正把近代化的都市与偏僻的乡村联系在一起”。

图 3-28　春在楼院落

图片来源：中国民族建筑网

图 3-29　春在楼雕花细部

图片来源：中国民族建筑网

春在楼在整体设计上为中西结合型,以中式为主。该楼坐西朝东,四合院式,占地面积 5 500 平方米,总计房屋近百间。在中轴线上,从东到西依次排列为照墙、门楼、前楼、后楼、附房杂屋,组成一个整体。前楼和后楼间有厢楼连接,前后贯通,俗称“走马楼”,又叫“转楼”。宅院北部,设置闲雅的小花园一座,春花秋月美景如,使整座宅院,更具风致。

雕花大楼正是以建筑雕刻技艺的巧夺天工而名驰四方。入门处,有规模宏伟的库门楼一座,高达 9.25 米,细砖雕刻图案繁复,异彩纷呈前面题额为“天锡纯嘏”,后为“聿修厥德”四字。尤以门楼内侧的雕刻精细异常,上层为“八仙上寿图”,神态活泼生动;中层“鹿十景”,卧立跳姿态十分逼真;左右兜肚上刻“尧舜禅让”和“文王访贤”,透雕深达四层;下为圆雕戏文“郭子仪庆寿”,子孙满堂象征多福多寿。综观整座门楼,庄重古朴,而雕刻技艺之精湛,誉之为“鬼斧神工”,实不为过。

进入前楼,为面阔五间的二层建筑,下设客厅,作接待宾客之用,厅内画栋雕梁,装饰豪华,使人眼花缭乱。在梁、桁、椽和楼上全施木雕花卉图案。厅前长、短窗的堂板和裙板上刻有“二十四孝”和“西厢记”片段图案。外梁头上刻有三国“桃园结义”“刘备招亲”等人物故事三十四出,镂雕精致,人物栩栩如生,使人叹为观止。二楼柱子刻成竹节状,重沿板雕出“万福流云”图案。木雕技艺采用浮雕、深浮雕和透雕等手法,使景深不尽而层次分明,人物呼之欲出,故事既各成体系,又浑然一体,真是花团锦簇,美不胜收。

前厅北侧,有宽不足十米,长达二十余米的花园区,园内有假山、水池、曲桥、亭榭和回廊等。布局得体而又富有变化,绝无拥塞、堆砌之感。园内罗植翠竹、金桂、玉兰、腊梅、紫薇等四时花木,点缀得错落有致高低起伏的围墙上,又有由蝴蝶瓦组成的十三扇花窗,以壁为纸,以窗为画 ,使墙内墙外的美景融为一体,游目四望,令人心驰神往,尽赏借景之妙。园内假山深处的照壁上,又有一圆形砖雕珍品——停云龙,翻腾在云水之中,矫健活泼,神态生动。游人们以此作为背景,摄影留念,留下了珍贵而又难忘的记忆。

这座雕花大楼,建于民国初年 (1922—1925 年),精雕细作共历时 3 年,用工达二十余万个,造价高达 3 741 两黄金,确为苏州“香山帮”工匠高超建筑技艺的杰作。在 1982 年,春在楼已被列为全国重点文物保护单位。

青果巷民居[1]| 常州市河

青果巷历史文化街区位于常州市区南部，傍依古京杭大运河东下塘段，呈东西走向，长近 1 公里。

青果巷别称“千果巷”，源于明代万历年之前，京杭大运河流经常州地段，过毗陵驿后，流入西水关，途经东西下塘、椿桂坊，最后东流而去。其时河面宽阔，来往船舶如梭，商贾云集，渐渐成为南北果品的集散地。沿岸傍巷，触目皆是各类果品店肆，故称其为“千果巷”（图 3-30）。

图 3-30　青果巷旧貌

1　陆志刚，徐伯元，包立本．常州文物古迹（续编）[M]. 2009.

陆志刚，包立本，徐伯元．常州历史建筑 [M]. 北京：中国方志出版社，2011.

须博．常州青果巷历史街区空间形态与建筑艺术特色研究 [D]. 无锡：江南大学，2008.

徐沐阳．常州青果巷历史文化街区遗产保护及改造设计研究 [D]. 南京：东南大学，2017.

管婷婷，吴宏刚．从唐荆川宅——贞和堂看常州青果巷传统民居建筑特色 [J]. 山西建筑，2019，45(10)：22-23.

常州课题组．常州 [M]. 北京：当代中国出版社，2011.

之后，随着河面不断收缩，民宅迭筑，河床淤高，水上行舟极为不便。明万历九年（1581 年），常州知府穆炜下令在西水关南重拓运河，形成如今大运河环绕城南的格局。由此，东西下塘地段逐渐冷落，特别是青果巷内的商贾豪户、果肆店铺纷纷迁往他处，青果巷失去了昔日繁华热闹的景象。然而书香士人看中了这处“氛围静谧绝喧”“环境清秀滨水”的宝地，纷纷在此围墙扩院，营宅建楼，数百年来，书香盈巷，墨香飘河，人才辈出。

青果巷历史保护街区的保护范围东起正素巷，南临市河，西至城中路，北临古村，东西长约 400 米，南北约 200 米，保护范围面积约 7.18 公顷。青果巷历史街区内以明清建筑为主，建筑高度多为一层和二层，布局灵活、自由，巷间道路迂回曲折；屋顶高低错落、相互穿插，形成了丰富的群体轮廓；多进式院落民居内部空间或明或暗、或大或小，增加了空间层次，环境氛围宁静。

图 3-31　青果巷文化街区新景

图片来源：常州课题组《常州》

青果巷历史文化街区（图 3-31）现存大量明清历史建筑，至今遗存的名人故居、旧居有近 20 处，全国及省市级文保单位 20 处，常州历史建筑 22 处。沿市河一带历史建筑的比例达到 60% 以上，巷南侧滨水民居尚保存完好，构筑了江南水乡特有的景色（图 3-32 至图 3-35）。

图 3-32　市河景观

图片来源：常州文旅资讯网

图 3-33　牌坊

图片来源：常州文旅资讯网

图 3-34　河埠头

图片来源：常州文旅资讯网

图 3-35　滨水景观

图片来源：常州文旅资讯网

唐荆川故居：始建于明代弘治至万历年间，原有贞和、八桂、易书、筠星、四并、复始、松健、礼和等八堂。现仅存明代建筑贞和堂，屋五进，第二进为明代楠木厅，三、四进为转楼，后即半园。现存筠星堂于清代重修，后进有清回形转楼，花厅存假山石池、百年罗汉松等。四并、易书、复始三堂现已无遗存。

赵元任故居：位于青果巷16弄9-16号，始建于清咸丰年间，是金华府知府赵朗甫祖宅。原屋六进，现存平屋两进，楼屋两进，上下各十间，硬山造木结构，为江南典型的转盘楼。

刘国钧故居：位于青果巷82-84号，始建于清代，原为唐荆川祖屋八桂堂。现存屋四进，分别为门屋、大厅、客堂和天香楼。天香楼是瞿秋白故居的一部分，修缮后保留原有格局。

瞿秋白故居：位于青果巷82-84号，始建于清代，1899年瞿秋白诞生于此。存屋三间，上下一进，门窗有精细雕刻。

盛宣怀故居：始建于清朝同治年间，原有房屋东西两排。现存西首三进平房各五间，大厅有翻轩回廊，厅东有花厅、花园和假山等。

李伯元故居：位于青果巷257号，始建于清朝光绪年间，原有平房64间，后进为抬梁式构架。现存书斋眷属住房三间两进，翻轩有黄杨木雕。

汪赞纶故居：位于青果巷52弄24号，始建于清朝光绪年间，现存屋30间，四进为大厅“三锡堂”，五进为清代建筑，其余已改建。

汤贻汾故居：始建于清代，汤雨生祖宅，1839年改建为忠孝祠。现存房屋三进，砖雕门楼一座，汤贻汾撰写的《忠孝祠碑》两块，“可对堂”牌匾一块。

史良故居：位于青果巷东北角，建于晚清时期，现存硬山造平房两进，临街围墙一道。

扬州盐商住宅[1]| 扬州古运河

盐业是中国封建社会关乎国计民生的产业，地处大运河、长江和盐运河交汇的扬州作为两淮盐业的生产、运输和管理中心，成为明清盐商云集之地。盐商是扬州历史舞台上的重要角色，其住宅的分布与大运河密切相关，并在建筑空间和装饰上别具特色。

盐业是我国古代国家税收的主要来源。江苏沿海的两淮盐场始于春秋，自唐代至明清一直是全国最大的盐产区，素有“天下大利仰东南，东南大利仰淮盐”之说，其管理中心就设在长江、大运河和运盐河交汇的扬州。春秋时期，吴王夫差为北上争霸在扬州开凿由长江沟通淮河的邗沟，即我国南北大动脉——大运河的前身。西汉吴王刘濞在江苏沿海“煮海水为盐”，并开凿了一条西起扬州茱萸湾（今湾头）东经海陵仓（今泰州）至如皋蟠溪的盐运河（即旧通扬运河前身）以通盐运。隋代大运河全线贯通后，扬州因位于中国南北主要运道大运河与东西主要运道长江的交汇处，且通过盐运河控遏整个下河水系和淮盐产区，成为两淮盐业生产、运输和管理中心，经济发展迅速，至唐代已经成为“扬一益二”的全国经济中心。明清时期，盐业改革使得商品化程度和商人的地位日益提高，扬州作为全国最大盐产区两淮盐业的最高管理机构——两淮都转运盐使司的驻地，经济文化高度繁荣，四方“富商大贾，鳞集麇至”，逐步形成

1　马恒宝．扬州盐商建筑 [M]. 扬州：广陵书社，2007.
王筱倩．江苏城市传统建筑研究系列丛书：扬州老城区民居建筑 [M]. 南京：东南大学出版社，2015.
张春华．扬州地区住宅的发展脉络研究 [M]. 南京：东南大学出版社，2011.
徐亮，王石群．扬州盐商建筑与园林的特性及世界文化遗产价值浅析 [J]. 扬州大学学报（人文社会科学版），2012，16(5)：99-105.
曹元武，殷勤．扬州盐商住宅及保护利用 [J]. 中国房地产，2005(2)：71-73.
李广成．试论扬州盐商宅邸遗址的旅游开发 [J]. 市场周刊（理论研究），2011(9)：3-5.
张理晖．广陵家筑：扬州传统建筑艺术 [M]. 北京：中国轻工业出版社，2013.
吴建坤．名居 [M]. 南京：江苏古籍出版社，2002.

了扬州盐商集团，并衍生了独具特色的住宅、园林和饮食文化。

扬州盐业源自海水，兴于水运。扬州城内盐商住宅的分布也与大运河密切相关。明清时期，京杭大运河流经扬州城东侧和南侧，兼作了城墙东南方向的护城河，盐商为便于行盐，其住宅和仓库也基本集中在城东南部的东关街、南河下和丁家湾一线（图 3-36）。

东关街东端穿城墙利津门（东门）抵运河码头，自唐代至明清一直是进入扬州城的主要街道，其西端即两淮盐业最高管理机构——两淮都转运盐使司所在，因此是清中期以前盐商住宅最密集的区域，如清雍正、乾隆年间，以东关街马日琯、马日璐兄弟的“街南书屋”，嘉道年间黄至筠的个园为代表性大型盐商住宅。

南河下和丁家湾一线不仅可以通过城墙东南角的通济门、缺口门和便门（徐凝门）连接运河，更重要的是靠近挹江门外的运河上的扬州钞关和浮桥，因此在清代后期成为盐商住宅的密集区域。其中，清光绪年间以南河下廖可亭、

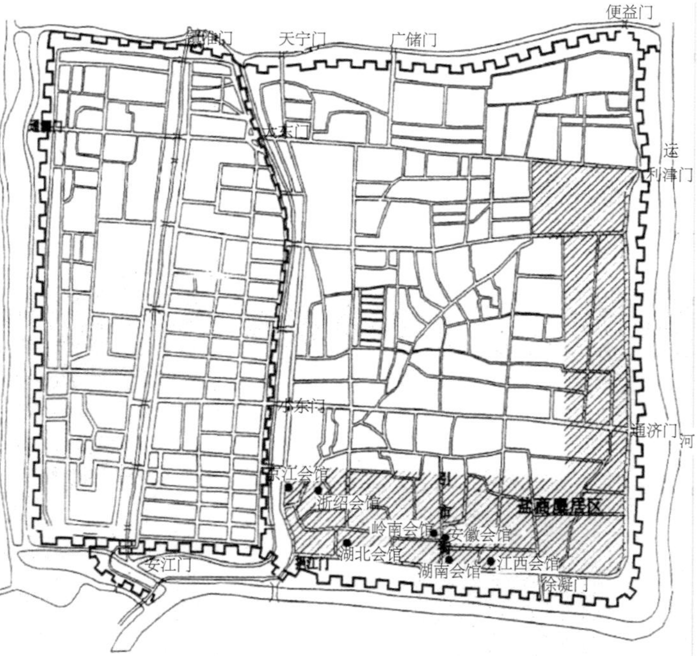

图 3-36 扬州清代盐商居住区及会馆分布

图片来源：张春华《扬州地区住宅的发展脉络研究》

汪鲁门、康山街卢绍绪，丁家湾贾颂平、许榕楫（云甫）、青莲巷周扶九等的住宅为代表性大型盐商住宅，其占地达到数千至上万平方米，造屋至少近百间，多则数百间，以规整严谨的院落式为单元组群布局，并因地制宜构筑园林或庭园，倾力打造雅致舒适的人居环境。

中华人民共和国成立前，扬州共遗存盐商住宅 76 处，现在相当一部分已湮灭。目前，在扬州 5.09 平方公里的老城区中，已查实的盐商住宅有 22 处，盐商会馆 15 处，还有 10 多处住宅待复核证实。截至 2014 年，扬州市已列入全国重点文物保护单位的有 20 处，其中盐商住宅这一建筑类型有 3 处，分别为卢姓盐商住宅、贾姓盐商住宅和汪姓盐商住宅。

扬州盐商建筑主要具有以下几个特点：

一是建筑外观雄浑古朴，以工整见长，与江南民居的轻盈简约明显有别。门楼雄浑健劲（图 3-37），墙体浑厚古朴，屋面富有韵律美。扬州盐商建筑八字形门楼比江南八字形门楼幅面更宽阔，体量更大；凹字型门楼（图 3-38）比江南墙门式门楼更为高峻；匾墙式门楼比江南字匾式门楼疏朗健劲。建筑的门楼相当于主人的脸面，门楼的造型、体量的大小以及考究的程度，展示了扬州盐商建筑的地方特色。

二是扬州盐商建筑布局严谨规整，空间组合深邃灵活，构架挺健，装修精美。“巨室如云，舆马辐辏”，扬州盐商住宅以规整严谨的院落式为单元组群布局，体量宏大，高墙围垣，气势森严，栋宇鳞次栉比，规划宛如城郭。一般大型盐

图 3-37　卢绍绪住宅门楼

图 3-38　李长乐故居八字深凹大型门楼

图片来源：张理晖《广陵家筑：扬州传统建筑艺术》

商的住宅占地约十亩左右，砌房造屋数十间不等，一般五至七进，为多进穿堂式，旁侧设有火巷相通。每进用途各异，前堂后寝，层次分明。住宅多有花园，园内绿竹树荫。中型盐商住宅，正屋二至三进，可分为门房照厅、厅堂、住房、书房、厨房杂屋等，每进有天井，屋后有小院；或前进为厅堂，后进为住房，旁接套房，由月门通向小院，整个屋宇紧凑，体现南方建筑的儒雅风貌。普通职员百姓的小型住宅，占地半亩，常见为三间两厢，进大门有过道，屋前有天井，结构简单，

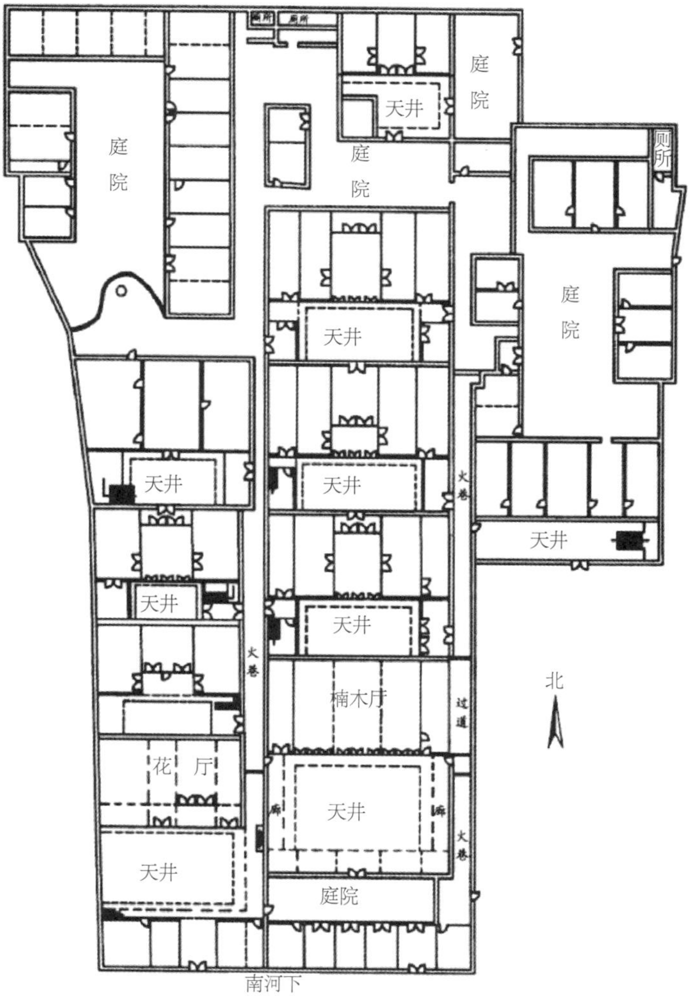

图 3-39　廖可亭住宅平面图

图片来源：吴建坤《名居》

单门独院；也有三合院、四合院，建有客座、门堂。扬州盐商住宅的细部装饰也有其特色，大多雕饰手法浑厚洗练。以砖雕为例，与江南、北方建筑的砖雕相比，扬州砖雕因势而就，繁简适宜；江南砖雕纤巧细密，繁富堆叠；北方砖雕粗硕雄浑，喧炽热烈，体现出不同的地方特色。

三是建筑构建中充分体现了儒家“礼”、阴阳学以及易学的思想。盐商建筑大多注重风水。如大部分盐商住宅坐北，而廖可亭住宅平面图朝南（图3-39），大门设置偏于东南方中方。砌房造屋运用的数字也依据《周易》“阳卦奇，阴卦偶”的思想，房屋构架、进深组合皆为单数组合。扬州盐商建筑特别体现了中国儒家的理性精神，表现为在建筑上采用严格的对称结构，以展示严肃、方正、井井有条。就扬州盐商建筑的单体而言，确乎较为低矮，比较平淡，这也正是扬州盐商建筑的价值之所在。

郝氏宗祠及住宅[1]| 里下河地区、兴盐界河

郝氏宗祠及其住宅位于兴盐界河旁的圩庄内，不仅承载了家族的辉煌和传统，反映了里下河地区的民居建筑特色，而且见证了里下河地区先民在低洼地区通过圩区开展水利和人居环境建设的历史和成就。

郝氏宗祠及住宅在行政区划上属于江苏省盐城市盐都区葛武镇郝荣村，在水利区划上属于里下河合陇圩，是西起大纵湖、东至串场河的兴盐界河沿线的众多圩庄之一。

里运河以东的里下河地区原为由古泻湖演变而来的湖荡湿地，地势十分低洼，素有“锅底洼”之称，明清时期几乎每年都会遭受水灾。为了保证人身安

1 宗祠网 [EB/OL]. http: //www. 100citang. cn/citang/1043.

盐城市盐都区人民政府网 [EB/OL]. http: //zz. yandu. gov. cn/Front/TzShow/Tzdetaile. aspx?AlbumGuid=facac332-b735-4214-bccd-e11417df9703.

水韵江苏 [EB/OL]. http: //www. jstour. com/a/23242. Html.

全和农业生产，先民们通过修筑圩堤，围地于内，挡水于外；圩内开沟渠，设涵闸，实现排水利田，开展村庄建设，并通过联圩并圩逐渐扩大圩区面积，将大片的湖荡渠化为相对稳定的河道，是里下河人民适应自然、改造自然的体现。郝氏宗祠及住宅所在的郝荣村正是里下河地区圩田村庄的代表之一，其格局基本保持至今。

据村民相传，明万历年间（1573—1620），乡人取土筑庄圩，庄东庄西各留一条人工湖，后人称之“日月双照”，引以为祥瑞。一条东西向夹沟河穿庄而过，一座小巧玲珑的砖拱桥，将南庄与北庄连成一体，庄南是上官河与兴盐界河交汇处，河面开阔，水流湍急，盛产鱼虾蟹鳖。白天可见罾簖相连，渔舟如梭，夜晚渔火点点，波光粼粼，人在柳堤上信步，有飘飘欲仙之感。在北庄处，紧挨着砖拱桥下东边的一幢大门朝南，前后两进的古色民居，便是原国民党政府“行政院院长”郝柏村家乡的“郝氏宗祠”（图 3-40）。

郝氏家族始祖郝贵四，原是苏州阊门富户，因“洪武赶散”迁至此地，传至郝柏村，已历 18 代。郝氏宗祠始建于明嘉靖二十五年（1546），乾隆年间，由郝建三主持进行了扩建，民国十年（1921）由郝季廷主持新建了郝氏宗祠后殿，1922 年新建郝氏宗祠前殿，1924 年新建郝氏宗祠南配殿及整建西厢房。现南殿南门外上方“郝氏宗祠”石匾（郝柏村私塾老师郝荫堀字迹）以及北门

图 3-40　郝氏宗祠外景

图片来源：盐城市盐都区人民政府网

上方“龙凤灵奇”（郝柏村之父郝绪龄字迹，图 3-41），均为 20 世纪 20 年代完善郝氏宗祠时所留。郝氏住宅始建于 1919 年 4 月，为典型的苏北里下河地区晚清时期古民居建筑风格。如今的郝氏宗祠及住宅于 2012 年被评为江苏省文物保护单位，郝氏故里景区 2011 年被省旅游局评定为江苏省四星级乡村旅游点，2017 年被评为国家 AAA 级景区。

图 3-41 “龙凤灵奇”石匾

图片来源：宗祠网

宗祠总面积 63C 多平方米，分正堂和南屋两幢主体建筑，南北长 23.40 米，东西长 23.40 米，呈正方形，整个建筑朱漆廊柱、雕梁画栋，体现了独特的地方建筑文化。南屋三间与传统民居相似，明间大，房间小，房屋南北宽 6 米，东西长 23.40 米。穿过南屋步入天井，天井的东西院墙是苏州园林式的镂空围墙，西院墙中间有一圆门通向西厢房，西厢房重建于清嘉庆九年（1804），南北长 10.80 米，东西宽 5.85 米。祠堂正厅是幢具备长廊的两室居建筑，西房正厅偏大，东西长 10.80 米，南北宽 6.90 米，东房偏小，东西长 4.60 米，宽 6.80 米。

整个祠堂建筑为中国清代宗祠风格，古色古香，镂空窗格、朱漆廊柱、木椽望砖、小瓦垂檐、雕梁画栋，无一不显示匠人的精雕细琢与造者的考究和鉴赏水平。祠堂庭院东西各有一株银杏和杜仲树。银杏树为雄性，树龄已超过一百年，茂密的树枝几乎遮盖了整个天井。

郝氏故居（图 3-42）住宅占地面积 307.45 平方米，建筑面积 165 平方米，穿堂三进，东南围墙建有厢房和走廊，整个建筑布局合理，错落有致，小砖青瓦、雕梁画栋、木椽望砖，为典型的苏北里下河地区晚清时期古民居建筑风格，内部陈列了郝柏村先生生平图片、手稿等珍贵资料。据不完全统计，每年前来瞻望的海内外侨胞及各地游客高达上千人次。

图 3-42　郝柏村先生的故居

图片来源：盐城市盐都区人民政府网

户部山古建筑群[1]| 故黄河

户部山古建筑群，位于江苏省徐州市云龙区项王路状元街交叉口，始

1　中国文物学会专家委员会 . 中国文物大辞典（下）[M]. 北京：中央编译出版社，2008.
刘玉芝，翟显中 . 徐州户部山民居研究 [J]. 小城镇建设，2001(09)：50-54.
侯茹 . 户部山古建筑群文化遗址保护与开发现状 [J]. 徐州工程学院学报（社会科学版），2011(6)：56-58.
贾珺，黄晓，刘珊珊 . 江苏上海古建筑地图 [M]. 北京：清华大学出版社，2015.

建于明朝天启四年（1624）,依山而建,顺势而为,是古城徐州的地面遗存，也是勤劳智慧的先贤留给后代的优秀文化遗产，是第六批全国重点文物保护单位。

户部山古建筑群（图 3-43）位于徐州市区戏马台上，原明清徐州老城南门外，户部山旧称“南山”。楚霸王项羽曾在此秋风戏马，故名戏马台，明天启四年（1624），河决奎山堤，户部分司署移至山上办公，遂易名户部山。

户部山古民居群（图 3-44 和图 3-45）是在明清商业贸易发展和运河漕运的双重影响下形成的，商贸与居住互为一体是其最大的特征。徐州地处漕运古道，明廷迁都北京后，疏浚运河，徐州正处在以南北二京为纵向的商业贸易的中间地带，很快发展成为重要的商业都会，晋商、徽商云集于此。但黄河在带来漕运便利和经济发展的同时，也给徐州带来了频繁的水患。徐州原位于汴水和泗水交汇之处，自南宋建炎二年 (1128) 黄河主流沿汴水夺泗水、淮水河道入海，到清朝咸丰五年 (1855) 黄河改道山东，黄河流经徐州 700 多年。由于黄河泥沙含量极高，自古就以“善淤、善决和善徙”而著称，其上游河床宽阔，

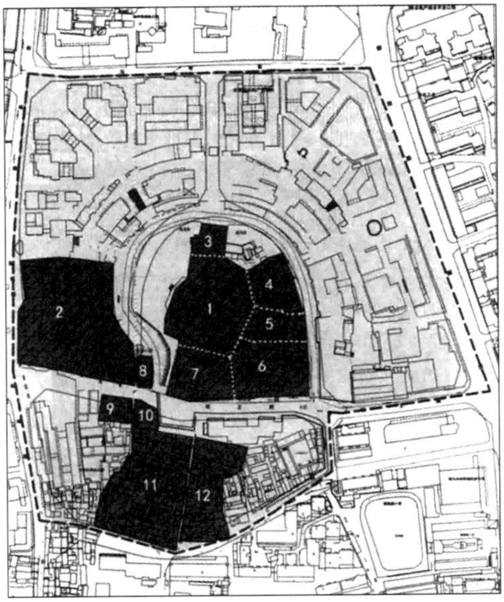

1. 戏马台
2. 崔焘翰林府
3. 刘家园（苏家）
4. 郑家大院
5. 翟家大院
6. 余家大院（民俗博物馆）
7. 原张家大院
8. 魏家大院
9. 李家大楼（徐州第一楼）

图 3-43　户部山古建筑群地域范围

图片来源：户部山民居

图 3-44　户部山古建筑群俯视图

图片来源：中国民族建筑网

图 3-45　户部山古建筑群

图片来源：中国民族建筑网

但至徐州“两岸群山夹峙，中间河道仅宽六十余丈，形如蜂腰，壅而上溃，有明二百余年间，徐州迤上，漫溢时见，徐城屡有冲决，皆由于此，为第一要害之地”（郑肇经《中国水利史》）。由于明清徐州地区黄河水灾频繁，徐州城墙和城内民居曾多次被洪水冲毁，城内地面因水退后泥沙沉积而逐次垫高，因此紧靠城南、地势较高的戏马台成为商贸和居住地，商人巨贾不惜重金在此觅地造屋，至今留有“穷北关，富南北，有钱住在户部山”的民谣。

从明末至民国初年的几百年间，户部山周围高宅大院密布（图 3-46），民居鳞次栉比，其中既有甲第官宦之家，也有富商之宅、书香门第。沧海桑田，历史演变，形成了户部山两千多年的文化积淀，三百多年的商业经历，户部山成为徐州科举文化、帝王文化、商业文化、军事文化、建筑文化、地方文化、民俗文化的汇集地。户部山规模完整的民居群簇拥着古迹戏马台，曾有着“琼楼万户涌重台”的美誉，是徐州清代民居的典型代表，具有很高的文化艺术价值。民国初年，户部山部分建筑进行了大修和扩建。

图 3-46　户部山古民居

图片来源：中国民族建筑网

户部山古建筑群既有北方四合院的规整划一，又有南方民居的曲折秀美。墙体多用青石与青砖，梁架用材硕大，雕梁画栋，琢刻精细，并有“里生外熟”的建筑方式。所谓“里生外熟”是指垒砌的墙体分为两层,外层为砖砌的清水墙，内层为土坯，这种建造方式既降低了造价，又能起到很好的保温作用，使房间内冬暖夏凉。户部山古民居的屋脊也具有不同于南北方的中性美，线条既不像北方那样平铺直叙，上翘的弧度也没有南方建筑那么夸张。

户部山古建筑作为依山而建的民居，“鸳鸯楼”的建筑形式成了户部山古民居的一大创举，由于户部山古民居多依山而建，为充分利用地形地势，减少工程量，在落差较大的地方，建造了这种独特的鸳鸯楼。这种楼分为两层，上下叠压，底层墙体部分利用了原有山体，楼内天梯，楼上楼下的门朝向相反。

如今保存较好的有余家大院、翟家大院、郑家大院、刘家大院、崔家大院和魏家院等，其他还有李家大楼、苏家院、王家院和老盐店等。2014 年对它们进行了全面整修。

崔家大院（翰林府）

崔家大院位于项王路和状元街交叉口西，清道光年间崔森奉旨在旧居上扩建而成。整组院落依附山势,自西向东逐渐升高,分为西部的下院和东部的上院。“文革”期间遭到破坏，今下院门楼、旗杆基座、上院鸳鸯楼和西花厅保存尚好。“文化大革命”后，崔家大院逐渐成为多姓居住的大杂院。20 世纪 90 年代拆迁改造前，崔家大院除上院房屋保存较好外，客屋院用作办事处办公房，下院许多房屋都被拆除改造。房屋上装饰性的建筑构件更在“文化大革命”期间被破坏殆尽。

徐州民俗博物馆（余家大院、翟家大院）

徐州民俗博物馆位于户部山东南，项王路北，由余家大院和翟家大院组成，展示民俗风情和民间工艺。

余家大院坐北朝南，于清乾隆至光绪年间陆续建成，分为东、中、西三路。中路最为规整，位于户部衙门旧址，包括门屋、穿堂、正厅和内宅南北共四进，在正厅后面有墙，将内宅与外堂分隔开。东路前部原有花园，今废；后部为内宅扩充部分。西路前部东南角有独立入口，包括倒座、前厅和正厅三进，其西有西花园，建有花厅和六角亭等。

清嘉庆年间余家与翟家结亲，将北部住宅出让给翟家。翟家大院坐西朝东，采用前宅后园格局。入口在东北角，左转穿过二门，再右转经过穿堂进入主庭院，院北为主屋鸳鸯楼。大院西部地形复杂，开辟为后花园，有鱼池和伴云亭，亭子位置较高，可从中眺望周围民居。

权瑾牌坊

权瑾牌坊位于郑家大院北部。权瑾是徐州人，官至文华殿大学士、太子太傅，以孝著称。权瑾卒后，明管宗下诏为建孝子祠坊，原有石碑、门楼和大殿等，今仅存牌坊。

四、掇山理水　水与园林建筑

掇山理水　水与园林建筑[1]

江苏是水域面积比例最大的省份，水网稠密，全省有大小河道 2 900 条，湖泊近 300 个，水库 1 100 多座，平原地区河渠交叉，河湖相通。水文化对江南水乡城市来讲，就是城市存在与发展的命脉，是一切物质财富与精神财富得以创造的灵魂故土。

江南是中国明清私家园林最为集中发达的地区，地处水乡，湖沟塘堰星罗棋布，极利因水就势造园，附近又盛产太湖石，适合堆砌玲珑精巧的假山，可谓得天独厚；江南地区历代百业兴旺，官富民殷，完全有条件追求高质量的居住环境；加之民风历来崇尚艺术，追求完美，千古传承，长盛不衰，无论是乡野民居，还是官衙贾第，其设计建造皆一丝不苟，独运匠心。这些基本因素大大促进了江南园林的发展。到了明清时期，江苏成为中国最繁华的地区之一，私家园林遍布古城内外。江苏境内，苏州拙政园、留园、网师园、环秀山庄、沧浪亭、狮子林、耦园、艺圃、同里退思园与扬州个园、何园、泰州乔园等，先后被联合国教科文组织列入“世界文化遗产名录”。

江苏的园林之中，苏州园林是精华。苏州古典园林是时间的艺术、历史的艺术。现存苏州园林多建于清代，或于清代重修。网师园初建于南宋，乾隆时重建，园内亭台楼榭无不面水，布局紧凑，陈从周赞其为“小园极则”。沧浪

1　潘谷西 . 江南理景艺术 [M]. 南京：东南大学出版社，2001.

童明 . 作为异托邦的江南园林 [J]. 建筑学报，2017(12).

秦廷栋 . 江苏古典园林的艺术成就 [J]. 中国园林，1985(3).

徐大陆 . 江苏近代园林几多中国之最 [J]. 中国园林，2008，24(3)：39-43.

周夔，邵健 . 园林曲水 [J]. 建筑与文化，2019(4).

长北 . 江苏明清私家园林踏访 [J]. 创意与设计，2017(4).

亭巧借园外河道扩大园林空间，园内水石苍古自然。耦园建于清初，厅堂多进连接东西两园，特色在于以楼环水并巧借园外河道以水环园。同里退思园，建于光绪年间，水面过半，环湖建筑如贴水面，令人感觉十分亲切。“雨惊诗梦留蕉叶”，这是对苏州古典园林生动的写照；“风裁书声出藕花”，这是对园林意境最好的描摹。一面面古典之窗，一道道岁月之门，引领着我们走进“苏州古典园林”。

如果说苏州园林秀婉似吴娃，扬州园林则雅健如名士。运河哺育了扬州，是扬州的“根”，如由南向北游，从白浪滔滔的长江，驶进宽阔的风平浪静的大运河，映入眼帘的是运河西岸的古寺塔影，婀娜多姿、风情万种的杨柳，富有水乡特色的小桥野渡，掩映于水杉翠竹荫下的农舍，细如羊肠的纤道，随风盘旋的风车，破浪前进的船队，或许还能看到颠簸在大河中的小小的渔船，以及不时上下潜水作业捕捉鱼儿的鱼鹰。昔日“扬州园林之盛，甲于天下”，乾隆间李斗《扬州画舫录》引刘大观语云：“杭州以湖山胜，苏州以市肆胜，扬州以园亭胜。三者鼎峙，不分轩轾。”瘦西湖两岸，湖上园林如冶春诗社、西园曲水、小洪园、倚虹园、净香园等，巧借河道点缀天然。在钓鱼台圆洞门看五亭桥和白塔，建筑轮廓形成弧线松、紧变化的奇妙组合，景色相对，断而不隔，互相呼应，互相映衬。

苏、扬二州之外，南京、无锡的园林也瑰丽非凡。南京自然水体众多，我们所熟知的秦淮河、莫愁湖、乌龙潭等都是绝佳的自然水体，这些水体可以就近引入园中，同园内景色相辅相成。莫愁湖公园就是因引入了莫愁湖之水而得名。玄武湖公园东枕紫金山，西靠明城墙，是中国最大的皇家园林湖泊之一，被誉为“金陵明珠”，游览其间，移花倒影、莲舫如瓣、渔泳不惊，极富意境。无锡寄畅园，引“二泉”伏流注其中，潺潺有声，前临曲池“锦汇漪”，与假山相映成趣。

江南园林最美之处是它的水，无水不成景，无水不成园，因此有“无水不园，园因水活”一说。在中国园林发展的漫长历史长河中曾经出现过一种经久不衰的建造形式“一池三山”。一池指太液池，象征东海，三山分别象征蓬莱、方丈与瀛洲。按照古代神话传说，在东海中有蓬莱、方丈、瀛洲三座仙山，为神仙居所。园林景观中“一池三山”在形式上表现为在一片水域中安排三座岛屿，模拟东海神山仙境。“仙境”是中国先民集体意识中和谐富裕、平和安乐生活的象征，是中国人理想生活的缩影及隐蔽在他们心灵深处的美好梦想。这种理想落实在园林景观中就是人在园林中物质与精神追求的最高境界，体现了人对自然的尊重和关怀。因此这种模拟自然的“一池三山”园林景观设计模式就成为古典园林创作的主要方法，也成为古典园林设计的一种极致追求。“一池三山”始于秦汉，历代以来一直是皇家园林建园的范本，在私家园林辉煌的时期也曾出现过，留园、拙政园理水均为“一池三山”的形式。

水是江南园林之魂。“水活物也，其形欲深静，欲柔滑，欲汪洋，欲回环，欲肥腻，欲喷薄，欲激射，欲多泉，欲远流，欲瀑布插天，欲溅扑入地，欲渔钓怡怡，欲草木欣欣，欲挟烟云而秀媚，欲照溪谷而光辉，此水之活体也。”有了水，园林就有了活力，仿佛水是园林血液；有了水，山石草木都有了影子，太阳有了反光，水仿佛是一面镜子，映照着周围的一切，更有着“雾里观花，水中望月”的朦胧意境。江南园林中的水不同于北方皇家园林中的水给人以震撼宏大的感受，因用地面积的限制，空间有限，江苏古典园林中的水一般都面积不大，但作用却十分重要，纵观江南大小园林，没有水的园林几乎不存在。园林之水或以萦回曲折表现其幽深、空灵的审美情趣；或以模仿江河湖泊之气势恢宏表现其“纳千顷之汪洋，收四时之烂漫”的意境效果。古代文人雅士们都希望借由美景来抒发自己的情怀，却又不能完全生活在郊野之中，因此希望将自然收于屋宅之间。因此，园林中的水都是借鉴自然界中的溪涧、湖泊，通过匠人以精妙的手法设计而成，而园林中的建筑、山石、植物等都是依水而建，傍水而生，信步其中仿佛置身于美好的自然之中。池水的存在不仅为园林增添色彩，还可以成为鱼和水鸟的乐园。园林的建造者在建设之初就考虑到了以水引鱼鸟的重要性。魏公南园的水池青荇招摇，游鱼悠然，水鸟拨涟，以饼饵投之，鱼群涌动，红绿相间，波光溶溶，颇有生活之趣。池水除了作为景观出现，还能辅助游览，较为宽阔的池水可行船舟，泛舟水上，游人能欣赏到陆上路线难得一见的景致。

江南各地园林各自巧借天然形势，有效地避免了无景造园生出的蹇促之感。苏州园林得水巷之婉转，镇江园林得江山之壮阔，无锡园林得太湖之淡远，南京园林有十朝古都的轩昂大气。清人欧阳兆熊、金安清《水窗春呓》言：“江宁滨临大江，气象开阔宏丽，北城林麓幽秀，古迹尤多。苏州则以平远胜，所谓山软水温也。太湖诸山非不茜美，而蹊径率不深，惟杭州之西湖，则烟波、岩錾兼而有之，里山尤深邃曲折，四时皆宜，金陵、姑苏不能不俯首矣！扬州则全以园林、亭、榭擅场，虽皆由人工，而匠心灵构，城北七八里夹岸楼舫无一同者，非乾隆六十年物力人才所萃，未易办也。”堪称江南园林解语人。江南园林中，水池、假山不可或缺，给人咫尺山林的错觉，“虽由人作，宛自天开”。如果说西方建筑与雕塑接近，江南园林则赖诗文绘画升华山水意境。

瞻园[1]| 南京地下泉水

瞻园（图 4-1）内的水系以聚为主，再分为辅，分南、北、东三处水面，形成三个中心。北池水面曲折富有变化，南池水面开朗宁静，东池虽小却幽静。三者相对独立而又山水相连，使人感到幽深莫测。山水环绕，山水衬托，达到“山得水而活，水得山而媚”的境界。

瞻园位于南京市秦淮区，始建于明嘉靖年间，至今已有 600 多年的历史，既是江南四大名园，又是“金陵第一园”。其最早是用作朱元璋称帝前的吴王府，后来赐予徐达作为他的府邸花园。清朝时期，乾隆在南巡途中路过该园，题名为“瞻园”，取自欧阳修额诗句“瞻望玉堂，如在天上”。瞻园也是南京现存历史最久的一座园林，与无锡寄畅园、苏州拙政园和留园并称为“江南四大名园”。

瞻园坐北朝南，纵深 127 米，东西宽 123 米，总面积 15621 平方米。原有南、北二池。北池有天然泉眼，南池为泉水出口，二者的水面相差 80 厘米，

1　于静 . 南京历代名园 [M]. 南京：南京出版社，2017.
黄滢，马勇 . 中国最美的古城：古城格局、古建保护与营销推广 [M]. 武汉：华中科技大学出版社，2016.
汪晓茜 . 南京历代经典建筑 [M]. 南京：南京出版社，2018.
中国风景园林网 [EB/OL]. http：//www. chla. com. cn.
中国民族建筑网 [EB/OL]. http：//www. naic. org. cn.
刘敦桢，叶菊华 . 瞻园 [M]. 南京：东南大学出版社，2013.
周燕，朱道萸 . 坚持历史性、真实性与完整性：以恢复瞻园历史风貌扩建工程为例 [J]. 中国园林，2016，32(3)：11-15.

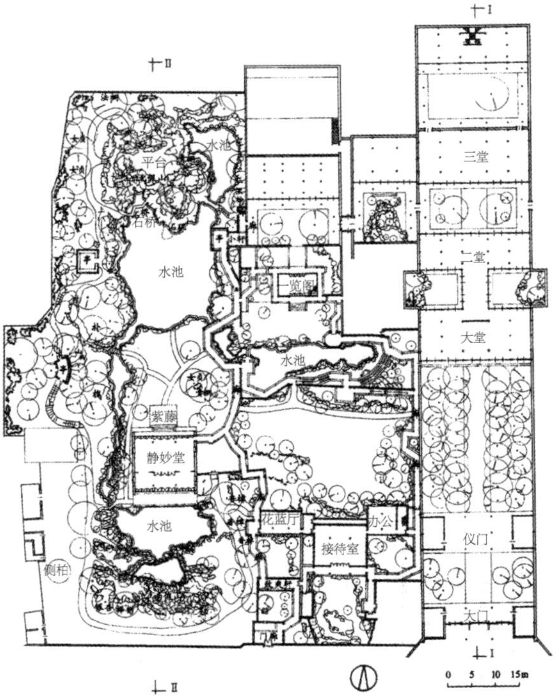

图 4-1　瞻园平面图

图片来源：潘谷西《江南理景艺术》

二池间有阴沟相通。1958 年，刘敦桢先生在主持瞻园的复原与改建扩建工程时，整理北部山池、曲桥及水榭、亭廊等，又做南池假山与瀑布，使冬季水涸时，因瀑布水位有高低，可调节南、北二池，不使北池有干涸之虞。

瞻园以自然式的山水地形作为骨架，山水与园路、建筑、植物之间相互交融、浑然一体。园子整体布局以大厅的静妙堂（图 4-2）为中心，将园子划为南北两大景区，在其两侧布置南北两片山水，再由曲折长廊引导，使景观一步步展现在游人眼前。静妙堂南面为一组封闭的入口庭院，让游人不能一览无余，目的是突出园中主景，讲究欲扬先抑、实中有虚、小中见大。瞻园东部景区是以建筑庭院作为主体，布局明朗开阔，整个景区分南、北、中三部分。南部为建筑群，由小厅、大厅、楼厅和庭院组成，中部有宽阔的草坪，东部有曲廊，北部为厅廊。建筑布局疏密有致、灵活多变，正如《园冶》所说的“尽量顺应自然，随高就低，蜿蜒曲折而不拘一格”，将山石水体、花草树木巧妙结合，构成美丽的园景。

图 4-2　静妙堂

瞻园在明代时就以“相传以石胜”著称，假山是全园的主景和骨干。全园有三座假山，造景地主要为南假山和北假山（图 4-3 和图 4-4），但是西部假山最高。相对于瞻园的占地面积来说，其中的堆山叠石占比很大，是园林空间的主体。三座假山中以南假山最具特色，山体组合形式成环抱之势，形成丰富的空间层次，在峰峦搭配上，前后参差错落变化，在不同角度阳光的照射下，一日之中可形成各种不同的景物轮廓，呈现虚实变化，令人百看不厌、回味无穷。

理水上瞻园采用分散用水和“化整为零”的手法，北池方形、南池扁形，用桥、矶等划分为大小不等的水面，这样可用水的变化无穷产生若隐若离的景

图 4-3　南假山

图 4-4　北假山

观特色。园中水面开阔处设亭台，用溪流将南北池相连接。瞻园三部分水域相互贯通，以原南北二池为基础，将水体单元组合，结合山、亭、轩、廊等不同空间，形成水院、瀑布和池塘等不同景区，全园水面流通回环，主次分明，形成多样的景观形式。北池水面开阔、南池水面窄小，溪流曲折变化，各有特色，形成对比。南池池北紧邻水榭，池南又倚靠假山绝壁，其池面较大，分为大小两池，其间散点步石，瀑布下泻之时，可在步石间形成散泉景观。瀑布与水洞为园中的理水小品，共同组合于南假山。瀑布口位于洞顶部一侧，水源来自南假山主峰，从山顶涧道向西流下，到了瀑布口奔泻而下，形成瀑布。水洞在南假山绝壁的东面，游人可以绕池边进入洞中，观赏洞内景观，别具情趣。

瞻园内植物蓊郁，种植大量竹子，微风吹过，听到沙沙声，明代计成在《园冶》中表示植物可表现风雨声，这种技法在瞻园中得到了充分的运用。园中观赏植物姿态多样，苍劲的松柏、婀娜多姿的垂柳、盘绕错综复杂的凌霄、树皮各异的白皮松、树干挺拔的青桐等。

太平天国失败后，瞻园被清军所破坏。瞻园虽遭到了大规模破坏，但仍遗留下部分明清时期的建筑、山石、水景和植物等景观，这为其重建提供了必要的物质基础，重建方案以史料记载的内容及清代袁江画的《瞻园图》为蓝本，恢复了瞻园部分重要景观，体现江南园林独特的艺术魅力。瞻园占地面积虽小，但山水景观奇特，园艺之精，驰誉中外，其间装点的花卉更集天地之灵气，将秀美园区装扮得犹如仙境一般，令人流连忘返。

拙政园[1] | 苏州地下泉水

江南古典园林凝聚了中国知识分子和能工巧匠的勤劳和智慧，蕴涵了儒释道等哲学、宗教思想及山水诗、画等传统艺术。江南水乡，以水景擅长，水石相映，构成园林主景。拙政园是苏州最大的古典园林，占地 78 亩（约合 5.2 公顷），全园以水为主，水面占了全园的五分之三左右，亭、楼、阁等建筑绕水而立，建筑和植物的倒影在水中相互映衬，交映成趣（图 4-5）。

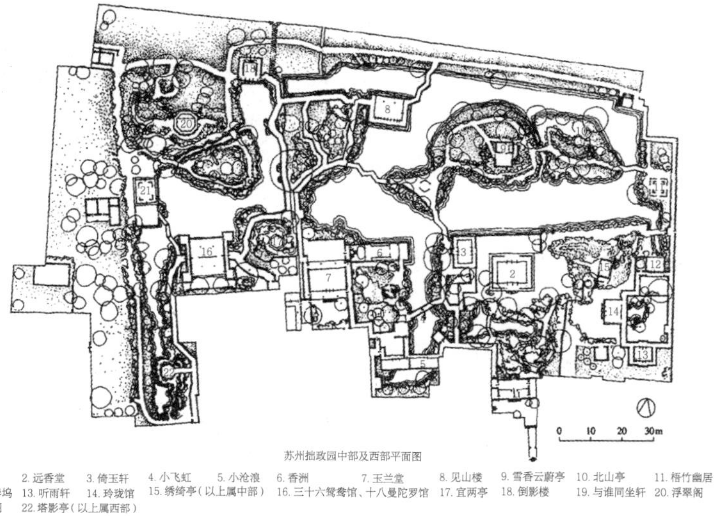

图 4-5　拙政园平面图

图片来源：潘谷西《江南理景艺术》

1　潘谷西 . 江南理景艺术 [M]. 南京：东南大学出版社，2001.

唐云俊 . 江苏文物古迹通览 [M]. 上海：上海古籍出版社，2000.

魏胜林，刘海燕 . 拙政园造园要素空间特征的量化研究 [J]. 中国园林，2015,31(7)：78-82.

陈美龄 . 手植紫藤，我心徵明：拙政园的诗情画意 [J]. 美与时代（城市版），747(4)：89-90.

王卫民 . 拙政园：苏州最大的古典园林 [N]. 新华每日电讯，2002-6-15(2).

张国擎 . 拙政园的由来：拙政园往事之一 [J]. 当代，2010(2)：194-200.

宗平 . 拙政园往事 [J]. 风景名胜，2009(3)：134-137.

郭杨，卓丽环 . 拙政园造园要素分析 [J]. 西安建筑科技大学学报（社会科学版），2015(1)：47-52.

王劲 . 苏州古典园林理水与古城水系 [D]. 南京：东南大学，2007.

中国是世界园林之母，苏州以其得天独厚的自然条件、经济条件和历史文化条件具备了深厚的造园基础和文化底蕴。正所谓“江南园林甲天下，苏州园林甲江南”。拙政园是中国和江南四大名园之一，是中国古典私家园林的典范，素有“吴中名园唯拙政”“名园拙政冠三吴”等美誉，名望之盛四百年来有增无减。

拙政园位于苏州东城娄门内东北街，是明御史王献臣的别业。创建于正德四年至八年间（1509—1513）。王献臣仕途不得志，罢官归，以元大弘寺废基营造此园。取西晋潘岳《闲居赋》所说“庶浮云之志，筑室种树，逍遥自得，池沼足以渔钓，春税足以代耕……此亦拙者之为政也”（《晋书・潘岳传》）之意，题名“拙政”。当时广袤约 13.5 公顷，茂树曲池，水木明瑟，景色旷远，胜甲吴下。嘉靖十二年（1533），文征明为之作《王氏拙政园记》及《拙政园图》并赋诗附之。后王献臣之子因赌博将园输于徐氏，到崇祯八年（1635），园的东部归刑部侍郎王心一，另建“归田园居”，经王氏后代世字，“归田园居”直至 20 世纪初基址仍较完整。而拙政园则历经沧桑，兴衰交替，变更频繁，或为豪门第宅或为官府衙署。

拙政园占地约 72 亩，园林分为东、中、西三个部分，布局以水景为主，约占全园的五分之一，水面有聚有分，于园内处处沟通，相互穿插，层次丰富，是江南大型私家园林理水的典型代表。拙政园利用原来的洼地积水疏浚以为水池，有泉眼为几处水池供水，水池间有水口相互沟通，保持水质更新。拙政园中水系自成体系，对城市河系依赖不明显。现存中部山池格局是由清初陈永宁重建时所奠定。从清初到清末，总的发展趋势是水面收缩、房屋增加。在远香堂西面增加了南轩（倚玉轩）和荷风四面亭两座建筑，而水中两条长廊一条改为旱廊，一条取消。

中部布局以水池为中心，使中部景区整体表现出淡泊疏朗的空间效果，具有江南水乡的特色；同时以辅山之小，来衬托主山之大，以散水之窄，来衬托聚水之广。池中堆山，池南建厅堂轩馆，主景在远香堂前后两面：即前面是嶙峋崔巍的奇峭山水，后面是平岗小坂的平远山水。平远则须舒展，故在池中堆土成二岛，岛上竹树茂密，各建一亭，形成东西展开相互映衬的画面。论者都以为拙政园之所以成为江南名园的翘楚，是由于它布着浩渺的水面和土山茂林、富于江南情趣的缘故。从现存的江南名园来看，多数不是一次规划设计建成的，而是经过多次改建，其间有许多文人墨客参与议论、策划，提出种种意见，使园林越来越趋于充实和完美。从拙政园中部的发展来看，后期所增加的南轩、荷风四面亭、小飞虹廊桥（图 4-6）等建筑物都非常得当，既是很好的观景点，又是山水中的优美点景物。在远香堂的东西两翼，则有两组院落或景点：一组在东，由枇杷园、听雨轩和海棠春坞三个庭院组成，形成富于变化的空间组合，加之绣绮亭作为远香堂的对景，使东翼景观十分充实。另一组在西，由小沧浪水院、小飞虹廊桥和香洲石舫组成，以水院与水景为特色，使西翼也颇丰满。这两翼都以空间层次多、构图美而加强了远香堂作为主厅的地位，且东翼重院、西翼重水，其意趣义各不同。至于偏远处是恰当的，也可补香洲与南轩以北缺少对景的不足。总体看来，拙政园中部的布局疏密相间，旷远与深邃兼备。建筑物不少，却又不过于人工化；水面开阔，而又不失山水层次的丰富。宋李格非在《洛阳名园记》中说："园圃之胜不能相兼者六：务宏大者少幽邃；人力胜者少苍古；多水泉者艰眺望。"拙政园中部无疑是兼有此六者之长的。

西部原为"补园"，面积约 12.5 亩，其水面迂回，布局紧凑，依山傍水建以亭阁。因被大加改建，所以乾隆后形成的工巧、造作的艺术风格占了上风，但水石部分同中部景区仍较接近，而起伏、曲折、凌波而过的水廊、溪涧则是苏州园林造园艺术的佳作。西部主要建筑为靠近住宅一侧的三十六鸳鸯馆

图 4-6 小飞虹廊桥

图片来源：中国民族建筑网

（图 4-7），这是当时园主人宴请宾客和听曲的场所，厅内陈设考究。晴天由室内透过蓝色玻璃窗观看室外景色犹如一片雪景。三十六鸳鸯馆的水池呈曲尺形，其特点为台馆分峙，装饰华丽精美。回廊起伏，水波倒影，别有情趣。西部另一主要建筑“与谁同坐轩”乃为扇亭，扇面两侧实墙上开着两个扇形空窗，一个对着“倒影楼”，另一个对着三十六鸳鸯馆，而后面的窗中又正好映入山上的笠亭，与笠亭的顶盖又恰好配成一个完整的扇子。“与谁同坐”取自苏东坡的词句“与谁同坐，明月，清风，我”。故一见匾额，就会想起苏东坡，并立时感到这里可欣赏水中之月，可受清风之爽。西部其他建筑还有留听阁、宜两亭、倒影楼、水廊等。拙政园东部原王心一“归田园居”部分系 1959—1960 年新建，多开阔而少幽深，稍感平淡。

拙政园以水见长。据《王氏拙政园记》和《归园田居记》记载，园地“居多隙地，有积水亘其中，稍加浚治，环以林木”，“地可池则池之，取土于池，积而成高，可山则山之。池之上，山之间可屋则屋之。”充分反映出拙政园利用园地多积水的优势，疏浚为池；望若湖泊，形成晃漾渺弥的个性和特色。拙政园中部现有水面近六亩，约占园林面积的三分之一，“凡诸亭槛台榭，皆因水为面势”，用大面积水面造成园林空间的开朗气氛，基本上保持了明代“池广林茂”的特点。

图 4-7　三十六鸳鸯馆

图片来源：中国民族建筑网

拙政园至今仍然保持着建园之初以水为中心、景色自然的特征，建筑大多临水傍岸，开敞通透，疏密有致，虚实相间，富有诗情画意和浓郁的江南水乡风格，是苏州古典园林的代表作，故前人誉为“一郡园亭之甲”，今人赞之“江南名园，园中精华”。1961 年 3 月，拙政园成为第一批全国重点文物保护单位。1997 年 12 月 4 日，作为苏州古典园林的典型例证，被联合国教科文组织列入《世界文化遗产名录》。

网师园[1]| 苏州古城水系

网师园（图 4-8）作为苏州优秀的古典园林之一，淋漓尽致地代表了江南的私家园林，更是我国传统园林的杰出代表。网师园几易其主，园主多为文人雅士，各有诗文碑刻遗于园内，历经修葺整理。园内主要建筑有丛桂轩、濯缨水阁、看松读画轩、殿春簃等。网师园以水池为中心，亭台楼榭无不临水，全园处处有水可依，各种建筑配合得当，布局紧凑，以精巧见长。

网师园在苏州阔街头巷，创于清乾隆年间。乾隆末年，瞿远村改筑而成目前规模，凡园中亭馆如小山丛桂轩、蹈和馆、月到风来亭、竹外一枝轩、集虚斋等，都是当时旧名。其后虽数易园主，而格局基本未变。其地本南宋淳熙初侍郎史正志万卷堂故址，有园名“渔隐”。清乾隆中光禄寺少卿宋宗元得其地，建网师园，仍寓渔隐之意。乾隆末翟远村重修，改称霍园。因西与宋苏舜饮之

1　潘谷西 . 江南理景艺术 [M]. 南京：东南大学出版社，2001.
唐云俊 . 江苏文物古迹通览 [M]. 上海：上海古籍出版社，2000.
尚红，李慧静，杨睿，等 . 网师园园林文化浅析 [J]. 现代园艺，2017(5)：70-71.
刘悄然，朱建宁 . 网师园灰空间与外部空间比例关系研究 [J]. 中国园林，2014(12)：110-114.
沈伟东 . 网师园的人文故事 [J]. 钟山风雨，2019(3)：9-13.
魏海霞，其其格 . 网师园的意境生成分析 [J]. 现代园艺，2019，42(17)：89-91.
网师园 [EB/OL]. http：//www. szwsy. com/ShowNewsJD. aspx?newsid=.
苏州市人民政府 [EB/OL]. http：//www. suzhou. gov. cn/asite/szgl/szgl11-7. shtml.
王劲 . 苏州古典园林理水与古城水系 [D]. 南京：东南大学，2007.

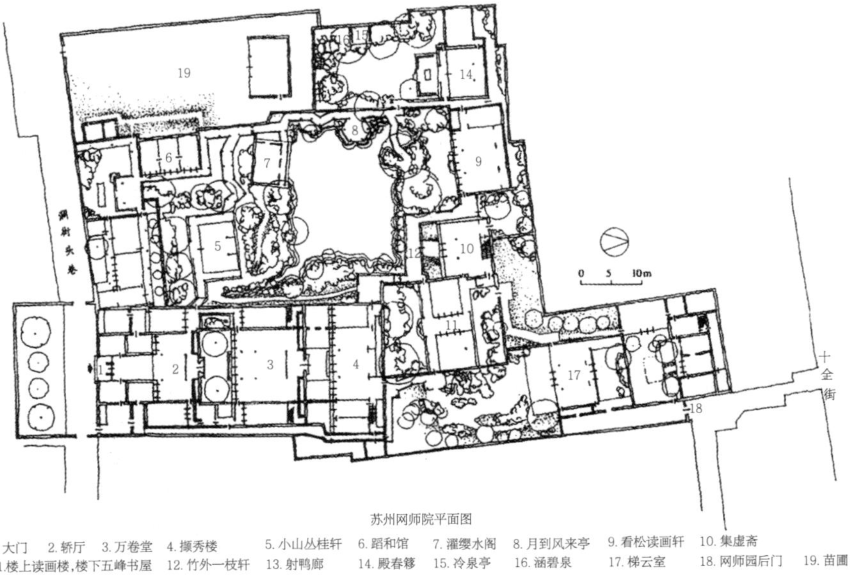

图 4–8　网师园平面图

图片来源：潘谷西《江南理景艺术》

沧浪亭相去不远，故又名苏东邻。民国时一度称之为逸园，画家张大千兄弟曾寄寓园中。1959 年网师园整修开放。

此园总面积约 5400 平方米，其布局以水池为中心。曹迅先生在《网师园历史变迁》一文中推测认为，清初网师园东南、西北均另有水系延伸，西北方向还设有水门，直到光绪时期，对园林大加改建，割裂、侵占水面，才导致水门废除，水面缩小。通过对比文献记载和现场情况推测，早期网师园内池沼与城市水系相联通，甚至可以直接舟船进出，与留园、耦园引水城市河系相比更为直接、外向。但其发展后期，与城市河系相联系的水道逐渐消失。或可说明，此类园林的早期理水模式对周边发展状况及城市河系的状况是十分依赖的。

网师园正宅在东，园环抱于其西、北。大门南向，大型影壁与东西巷门环拱于前，气宇轩昂。入门屋，过穿廊，依次为轿厅、大厅和堂楼，轩敞雅洁，厅前门楼砖雕精致。园与宅多处相通，轿厅西侧门框有砖刻“网师小筑”。园大致可分南、中、北三部分。南部以小山丛桂轩、蹈和馆、琴室为中心，形成一组幽深曲折、迂回宛转的小庭院，为昔日园主宴聚之所。轩前叠湖石花台，植丛桂，轩后堆黄石假山“云岗”，峰峦当窗，南北景色迥异。中部以一泓池水为中心，环以亭阁轩廓、山石花木，形成明净开朗的园中主景。池仅半亩许，水面以聚为主，四周建筑低凌水际，黄石池岸凹凸曲折，给人以弥漫无际、源头不尽之感。池中天光云彩、廊榭树石倒影历历，有虚实相生、水石交融、引人遐思之妙。池周景致各具特色，其主题无不与水相关。南有濯缨水阁面水邻崖（图4-9），最宜长夏纳凉观鱼；西有月到风来亭突出水面（图4-10），翼以起伏的曲廊，中秋赏月极佳；北有竹外一枝轩剔透玲珑，轩斋错落于后，松柏掩映于前，曲桥迤逦，石矶贴水，隆冬小坐，晴雪皆可。曲桥西端有门洞，额“潭西渔隐”。入内为一别院，峰石耸峙，花木扶疏，西南隅清泉一泓名“涵碧”，院北书斋额“殿春簃”。由此向东，看松读画轩、集虚斋、五峰书屋、梯云室各成庭院，宁静幽深，竹石当窗，蕉影移墙，宛然如画，形成以书楼画室为中心的北部园景，网师因以水为中心，主题突出，布局紧凑，空间多变，互为借景；建筑小巧精致，叠石求画意，植树重姿态，不落常套，园虽小而不觉其小，是以少胜多的典范。

网师园面积虽小，但是通过空间的划分和组合，游览顺序相互交叠穿插，形成了一个变化丰富的系统，结构布局严谨，主要景观和次要景观变化多端，很好地体现了主次分明。在园中，丰富的植物与叠石相互衬托，任意一处景色都可以独立作为一处景观。园中建筑的数量比较多，但是不会给人拥塞的感觉。山池面积虽然小，但是却不显得局促。在网师园中，可以真切地体会“园中有园、景中有景”。

作为古代苏州世家宅园相连布局的典型，网师园布局外形整齐均衡，内部又因景划区，境界各异。园中部山水景物区，突出以水为中心的主题。水面聚而不分，池西北石板曲桥，低矮贴水，东南引静桥微微拱露。环池一周叠筑黄石假山高下参差，曲折多变，使池面有水广波延和源头不尽之意。园内建筑以造型秀丽，精致小巧见长，尤其是池周的亭阁，有小、低、透的特点，内部家具装饰也精美别致。

正如钱大昕《网师园记》称之“地只数亩，而有纡回不尽之致；居虽近廛，而有云水相忘之乐”。刘敦桢称其“以精致小巧著称”，“为苏州中型古典园林的代表作品”。1982年2月网师园被公布为第二批全国重点文物保护单位。1997年12月4日，作为苏州古典园林的典型例证，被联合国教科文组织列入《世界文化遗产名录》。

图 4-9　濯缨水阁

图片来源：网师园官网

图 4-10　月到风来亭

图片来源：网师园官网

沧浪亭[1]| 苏州古城水系

沧浪亭（图 4-11）造园艺术与众不同，将城市河道作为园林的一个部分，未进园门便有一池绿水绕于园外。园内以山石为主景，迎面一座土山，沧浪石亭便坐落其上。山下凿有水池，山水之间以一条曲折的复廊相连。园外之水与园内之山自然地融为一体，是借景的典范。

沧浪亭位于苏州市城南三元坊内，是苏州最古老的开放园林之一。2000 年作为《世界文化遗产苏州古典园林增补项目》被联合国教科文组织列入《世界遗产名录》，2006 年被国务院列为第六批全国重点文物保护单位。沧浪亭占地 1.1 公顷。门外有水面 4 862 平方米。隔水望去，古亭芳榭、高树长席、漏窗空灵，望似园内，实在园外。园内有一泓清水贯穿，波光倒影，景象万千。古木参天，丘阜起伏，曲径通幽。全园结构以假山为中心，建筑物环绕四周高低起伏、树木苍翠，有山林气象，并利用借景法将园外的水与园内的山联成一气，扩大园景，在园林设计中独具一格。

"沧浪亭"五代时曾为吴越王近戚孙承祐的池馆，北宋庆历五年 (1045) 政治家、文学家苏舜钦 (字子美，1008—1048) 因支持范仲淹的庆历革新，被守旧派借故弹劾，削籍为民。他流落到苏州后，用四万钱买下孙氏旧园，在水边筑亭，取《楚辞・渔夫》"沧浪之水清兮，可以濯吾缨；沧浪之水浊兮，可以濯吾足"，题名沧浪亭，寄托不平之意。此地山环水绕、颇有野趣，苏舜钦作《沧浪亭记》寄给欧阳修求副对联，欧阳修打趣曰："清风明月本无价，可惜只卖

1　贾珺，黄晓，刘珊珊 . 江苏上海古建筑地图 [M]. 北京：清华大学出版社，2015.

唐云俊 . 江苏文物古迹通览 [M]. 上海：上海古籍出版社，2000.

张甜甜，王浩，连泽峰 . 从沧浪亭的变迁看苏州私园的历史保存和延续 [J]. 中国园林，2018，34(2)：133-137.

吕颖洁 . 由沧浪亭看建园与城市水体的关系 [J]. 建筑与文化，2017(7)：178-179.

徐静 . 苏舜钦诗咏沧浪亭 [J]. 名作欣赏，2017(9)：117-119.

图 4-11　沧浪亭平面图

图片来源：贾珺等《江苏上海古建筑地图》

四万钱。”苏舜钦收下上句，取自己《过苏州》诗“绿杨白鹭俱自得，近水远山皆有情”的下句，合成“清风明月本无价，近水远山皆有情”，此联今题在园内山顶沧浪亭的石柱上。苏舜钦卒后园归他姓，南宋时属抗金名将韩世忠，元代废为僧舍，从此不再属于私家。清康熙三十五年（1696），江苏巡抚宋荦重修沧浪亭，画家王翠为之绘《沧浪亭图》，从中可知宋荦将原来临水的沧浪亭移至山顶，在园北建造折桥，桥东临水有两座轩屋，即今面水轩与观鱼处的前身。作为一座公共园林，此园以水为界，不设围墙，任人隔水纵赏。康熙、乾隆南巡时皆到园中游赏题诗，今园北假山西侧为康熙御碑亭，东侧为乾隆御碑亭。清道光七年（1827），官方在园内建五百名贤祠，刻石供奉吴中名士画像 500 幅，沧浪亭成为一座祠庙园林。太平天国时期园中建筑全部被毁，清同治十二年（1873）重修，并在山南建明道堂，形成今日格局。

沧浪亭入口位于北侧，有长桥凌跨水上，入门东西横亘一座大型土山，中有山路分为东、西两段。东段修筑较早，驳砌黄石，自然古朴；西段后期叠置湖石，略嫌芜杂。向东有多条路径可登至山顶沧浪亭（图 4-12），眺览四周景致；西侧湖山下砌石洞，上有蹬道，体现了清中期喜好登山入穴的趣味；山南有座小池，是园内仅有的水景，成为点睛之笔。大假山四周有一整圈游廊，串起大门、西御碑亭、清香馆、明道堂、东御碑亭、观鱼处和面水轩，廊壁漏窗造型各异，上百处无一相同，成为此园一大特色。游廊最精彩的是山北复廊，廊子中央立有一道墙壁，随廊蜿蜒转折，壁上开各色漏窗，廊内为假山，廊外为池水，山水若隐若现，相映相借，无论走在园内还是园外，都别具风味。园林南部为祠堂建筑区，有五百名贤祠和明道堂两路庭院，主要用于讲学观戏、仰止先贤，与北部山林关系较弱。最南端为看山楼，下砌印心石屋，为别出心裁之作。

图 4-12　沧浪亭

图片来源：中国民族建筑网

园林布景以“崇阜广水”为特色，主要景区以山林为核心，四周环列建筑，亭及依山起伏的长廊又利用园外的水画，通过复廊上的漏窗渗透作用，沟通园内外的山、水，使水面、池岸、假山、亭榭融为一体。园中山上石径盘旋，古树葱茏，箬竹被覆，藤萝蔓挂，野卉丛生，朴素自然，景色苍润如真山野林。沧浪亭位列苏州四大园林之一，虽数易其主，但损坏并修复的多为院内的建筑物，而园内的假山和园外的池水大多维持了旧貌，未被损毁。园内的景色多不加雕饰，以自然为美，山水相宜，表现得法，宛如自然风景。沧浪亭园外景色因水而起，园门北向而开，前有一道石桥，一湾池水由西向东。而园内布局以山为主，入门即见黄石为主，假山上植以古木。建筑亦大多环山，并以长廊相接。长廊将临池而建的亭榭连成一片，同时又可通过长廊上一百余图案各异的漏窗两面观景，使园外之水与园内之山自然地融为一体，是借景的典范。

园中最大的主体建筑是假山东南部面阔三间的“明道堂”。明道堂取“观听无邪，则道以明”之意，为明、清两代文人讲学之所。在假山、古木掩映下，明道堂屋宇宏敞，庄严肃穆。墙上悬有三块宋碑石刻拓片，分别是天文图、宋舆图和宋平江图（苏州城市图）。相传乾隆帝南巡时，曾召誉满江浙的苏州评弹艺人王周士于此堂内说书。堂南，“瑶华境界”“印心石层”“看山楼”等几处轩亭都各擅其胜。折而向北，有馆三间名“翠玲珑”，四周遍植翠竹，取“日光穿竹翠玲珑”之意而为名。

竹是沧浪亭自苏舜钦筑园以来的传统植物，亦是沧浪亭的特色之一。

园中西南有假山石洞，名“印心石屋”。山上有小楼名“看山楼”，登楼可览远近苏州风光。此外还有仰止亭和御碑亭等建筑与之映衬。沧浪亭著名的建筑还有观鱼处等。另有石刻 34 处，计 700 多方。

沧浪亭曾是官员宴聚之地，文人雅集之所，略似公共性的书院式园林，故而在苏州诸园中独树一帜，不仅保持着宋代建亭时“崇阜广水”的特点，而且一反私家园林高墙四围、深锁密藏的惯例，处理成敞开式的面水园林，将园内山林亭榭与园外水景联成一气、融为一体。沧浪亭外大面积水体、园内大假山的格局始终保持，以沧浪亭为脉络，可见苏州古典园林在历史的进程中很好地保存与延续了下来，给后人留下了值得借鉴与思考的瑰宝（图 4-13）。

图 4-13　沧浪亭图

图片来源：贾珺等《江苏上海古建筑地图》

寄畅园[1]｜无锡古运河

寄畅园是一处始建于明代的江南古典园林，其中假山依惠山东麓山势作余脉状，又构曲涧，引“二泉”流注其中，潺潺有声，世称“八音涧”，前临曲池“锦汇漪”。而郁盘亭廊、知鱼槛、七星桥、涵碧亭及清御廊等则绕水而构，与假山相映成趣（图 4-14）。园内大树参天，竹影婆娑，苍凉廓落，古朴清幽。寄畅园以巧妙的借景、高超的叠石、精美的理水、洗练的建筑，在江南园林中别具一格。

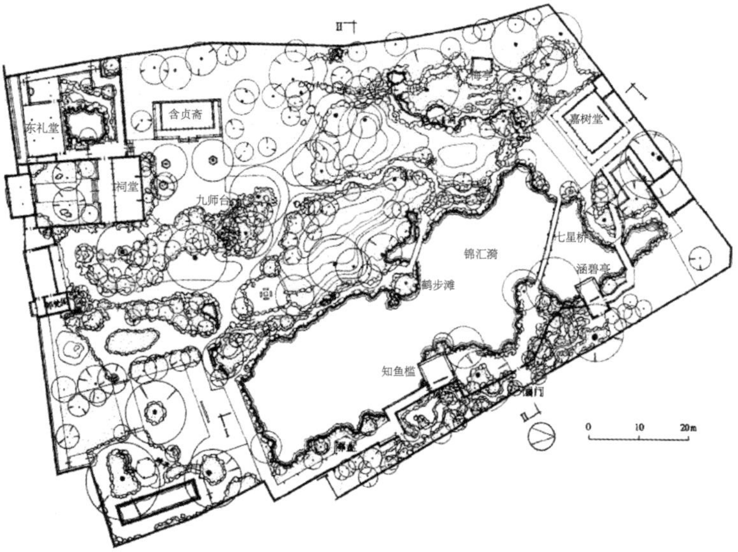

图 4-14　无锡寄畅园平面图

图片来源：潘谷西《江南理景艺术》

1　潘谷西 . 江南理景艺术 [M]. 南京：东南大学出版社，2001.
唐云俊 . 江苏文物古迹通览 [M]. 上海：上海古籍出版社，2000.
周宏俊，宋霖，黄晓 . 寄畅园的造园环境与借景探原 [J]. 风景园林，2018，25(11)：23-28.
梁洁，郑炘 . 晚明寄畅园水池“锦汇漪”及其周边复原研究 [J]. 中国园林，2018，34(12)：141-145.
陆琦 . 无锡寄畅园 [J]. 广东园林，2018，40(6)：108-112.

寄畅园位于无锡市西郊惠山东麓，创建于明嘉靖年间，是明兵部尚书秦金的别业，名曰“凤谷行窝”。当初只是根据地形，整理土阜水池，疏点亭阁而成，景色自然幽朴。数十年后，秦金之侄秦耀拥有此园，大事改筑，成 20 景，更名为寄畅园。寄畅者，取王羲之诗“取欢仁智乐，寄畅山水阴”句意，以孔子仁智山水之说，自比君子仁德之行。

寄畅园现全园面积约 1 公顷。园的布局采取南北走向的分隔，即水池、土山及主要观赏建筑都作南北轴向平行布置，这也是顺应地形的结果。原来寄畅园的基址是惠山寺前左侧僧舍区，明初宣德年间（1426—1435），巡抚周文襄发现惠山寺左前侧地势低洼，缺青龙形胜，遂令掘地堆土成阜，以促成该寺“四灵”地势完形。

其后秦金购得此地，将其作为园内山池，所费少而收效大，是十分明智的决策。秦金以后，园内景点和建筑物虽有许多变化，但这山水基本构架仍是当年原貌，也正是这种山水相依、相衬的格局造就了寄畅园特有的风貌。在此构架基础上，将主要厅堂“嘉树堂”安排在山水最深处，即其北面尽头，这样，由北南望，可得园中最佳景观——山重水复，深林绝涧，犹如处于邃不可测的幽谷之中，意境极佳。南端靠近惠山寺处，则作为待客酬宾和起居住憩之所。而园之入口自然也安在惠山横街。20 世纪 50 年代因拓宽街道而将园东侧划出 7 米宽的基地，原有园门一组建筑也已不存。现在改筑的园门过于逼近主景区，形成开门见山的格局，实为无奈。在中国园林中，园门的位置以及入园后的一段“序幕”处理，是造园艺术中十分重要的章节，轻易割舍，必然造成全局的重大损失。此例可引以为戒。现有园门两侧两亭——知鱼槛（图 4-15）及涵碧亭，并延以长廊，这是隔水观山的极好去处。

为了分割长条形水面，造成景深与层次，在水池中段伸出一滩称为“鹤步滩”；在池之北端建 17 米长的七星桥，使北部水面顿呈活泼之势，而南部则显得平板。所以现在寄畅园的山水精华全在东北一角。

凤谷行窝是从惠山寺日月池畔入园的第一个建筑。门前有全国文物保护单位石碑，入室为古朴门厅三间，正中悬“凤谷行窝”一额，系朱屺瞻所书，两侧抱柱一联，系取翁同龢旧名，高石家书。联云：杂树垂荫，云淡烟轻；风泽清畅，气爽节和。

厅堂两侧门楣上有砖刻，东为“侵云”，可见龙光塔高耸入云；西为“碍月”，

图 4-15　知鱼槛

图片来源：中国民族建筑网

可观惠山之高峰掩月。碍月门旁，前有石砌小池，池边湖石玲珑，四周回廊复合，形成寄畅园园中之园。临池有厅屋三间，为秉礼堂，匾额系无锡仲许所书。循廊向前，有含贞斋三间，原是秦火翟读书处。四周多植古松，秦火翟曾有“盘桓抚古松，千载怀渊明”之吟。斋内有钱南周撰、王汝霖书的一联：“池含林采明于缬，山贻台华媚若细。”

美人石位于寄畅园东南角。邻梵阁往东有一小亭，旁有百年巨樟，绿荫垂地，亭中一碑，镌刻有乾隆御笔题诗和作画的《介如峰图》。亭前一池，呈长方形，水平如镜。池东立一湖石，倚墙而立，颇如婷婷美人对镜理妆，妩媚有姿，故湖石名“美人石”，池名“镜池”。1747 年乾隆第二次南巡至此，看到美人石，改称“介如峰”。

锦汇漪（图 4-16）占地约 0.2 公顷，于其上，涵碧亭、知鱼槛占据了景致的中心，寄畅园以锦汇漪为中心组织了一长一短两个视线，分别是南北与东西纵横两个方向。短视线上以知鱼槛为主要视点、以假山及鹤步滩为所观之景、以假山林木后的惠山之影为借景，锦汇漪的南北较长，拉宽了视野，可谓正面全景，更有鹤步滩的倾斜大枫杨招摇景致；长视线上以嘉树堂及其前为主要视点、以知鱼槛与大枫杨为中景，以先月榭为远景，再有锡山龙光塔为借景，锦

图 4-16　锦汇漪

图片来源：中国民族建筑网

汇漪的东西狭窄聚拢了视线，层层推远，可谓侧面景深。

寄畅园的特色为山林自然风光浓郁，不同于一般城市宅园。究其原因有三：一是充分利用惠山之麓的有利地形，把近山远峰引入园内作为借景；二是将惠山二泉之水汇成大池，与土阜乔林构作园内主景，造成林木葱茏、烟水弥漫的景象；三是建筑稀疏，少有人工斤斧味。

总体上说，寄畅园的成功之处在于它“自然的山，精美的水，凝练的园，古拙的树，巧妙的景”。难怪清朝康熙、乾隆二帝曾多次游历此处，一再题诗，足见其眷爱赏识之情。北京颐和园内的谐趣园，圆明园内的廓然大公（后来也称双鹤斋），均为仿无锡惠山的寄畅园而建。

1999—2000 年，经国家文物局批准，由锡惠名胜区对在太平天国战争期间毁坏的寄畅园东南部进行修复，先后修复了凌虚阁、先月榭、卧云堂等建筑，恢复了其全盛时期的园林景观，使整个古园气机贯通，充满雅致。

水绘园[1]| 如泰运河

水绘园（图 4-17）位于南通市如皋古城东北隅。因水成景，山房玲珑，景色秀丽，园内存留着众多珍贵的历史文物遗迹。水绘园为全国重点文物保护单位。

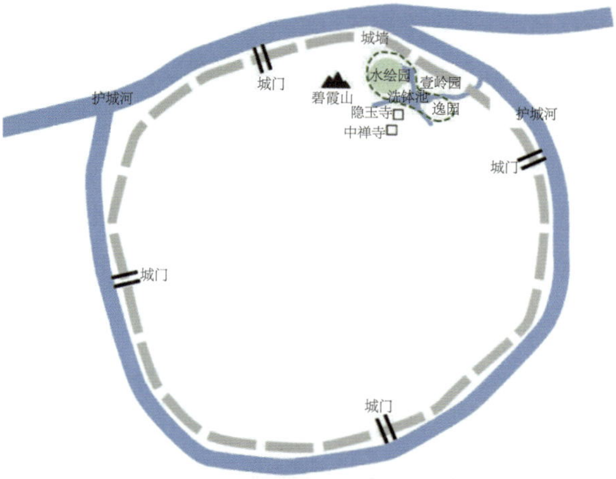

图 4-17　冒襄时期水绘园周边环境格局

图片来源：周向频等《明清水绘园与陈从周当代复建》

如皋是座历史古城，城市为内外两条护城河所环绕，沿内外城河两岸，绿树扶疏，细柳拂水，市桥相望，碧波映影。在古城东北处，河港交会，汇水成池，就其地势建就水绘园。园的取名，是取同音“会”字，四方的水来此相会，又是用水绘就的园林景色画卷，双重含义。此园四周不设墙垣，环以碧水，园中借水聚散形成美丽的图画。

1　杨受廷，马汝舟，等 . 嘉庆如皋县志 [M]. 嘉庆刻本 .
孙晓榴 . 清初水绘园词人群体研究 [D]. 上海：华东师范大学，2011.
中华人民共和国国家旅游局 . 中国旅游景区景点大辞典 [M]. 北京：中国旅游出版社，2007.
陈从周 . 中国园林鉴赏辞典 [M]. 上海：华东师范大学出版社，2001.
周向频，王庆 . 明清水绘园与陈从周当代复建 [J]. 中国园林，2018，34(11):57-61.
阮仪三 . 江南古典私家园林 [M]. 南京：译林出版社，2009.

水绘园始建于明朝万历年间（1573—1620年）。旧为冒一贯别业，历经四代，始臻完善。水绘园在全盛时，占地六万余平方米，四面环水，园内河道纵横，最后均汇注于洗体池中；又积土为山，临溪架桥，傍水建榭，嘉木成荫，芙蓉夹岸，真景与涵水之虚影相辉映。水绘园主要有长堤垂柳、妙隐香林、小活溪、枕烟亭、寒碧堂、烟波玉亭、镜阁、碧落庐等景点（图 4-18 和图 4-19）。

19 世纪 80 年代初为保护这一著名园林，南通市政府对园进行了全面的修复整理，请著名园林家陈从周主其事，修整后的水绘园基本保留了明清江南文人园林清秀、典雅的风格。

水明楼（图 4-20）、雨香庵构成一个整体建筑群，自成体系，布局独特，结合地形而自由组合，虽不合厅堂规矩，但实用精致，融汇了我国南北园林的特色，是大江南北罕见的建筑杰作。

水明楼位于水绘园洗钵池西岸，为船舫式水阁建筑，造型精美，中部耸起，头尾稍平。南北长达四十余米，前有轩亭，中有厅室，后有阁楼，藉九曲三弯之回廊相衔接，远远望去，此楼侧向延伸，十分开阔，仿佛重重叠叠，深不可测，使人觉得其规模宏大，难以穷尽。然登楼游览，方知楼宽不过 5 米，而且处处

图 4-18　水绘园风景区导览图

图片来源：水绘园景区官网

图 4-19　水绘园鸟瞰

图片来源：周向频等《明清水绘园与陈从周当代复建》

图 4-20　水明楼

图片来源：阮仪三《江南古典私家园林》

小巧、玲珑、精致。墙是青砖细刻，窗则雕花见漏，室内空间不大，布置井然有序。整座楼实际上是一组水上院落，建筑全在水上，相互间通有曲桥画廊，绕以水花墙。院内点石栽花，明净雅洁，合着倒影，使人顿起“笙歌归院落，灯火下楼台”的联想。此楼又是园内主要的赏景之处，登楼临窗，纵目四顾，可以南观逸园古树亭台，东眺余氏壶岭景色，北望水绘园故址。陈从周评价水明楼为“徽派袖珍园林风格的海内孤本”。因其紧邻水绘园，今被纳为水绘园风景区景点之一，是全国重点文物保护单位。

雨香庵位于水明楼西，洗钵池上，庵之边门可通水明楼，两座园林古建与池结合而成为一个整体，于古园造景中别具一格。庵前后共三进，中间为两座庭院，院内点石栽竹，是典型的明末清初建筑，虽经过多次修缮，仍基本保持旧观，现为全国重点文物保护单位。

日涉园[1] | 泰州古城运河

日涉园位于泰州古城中心（图 4-21）。泰州自南唐建城，至宋代已经形成“双河绕城”的格局，城墙外为宽阔的护城河，城墙内还有绕城一周的内城河（东西市河）。宋代开挖的玉带河与南北向的中市河呈“十”字形相交，与内城河组成了“三横三纵”的田字形格局（图 4-22）。日涉园就位于中市河、玉带河交汇的东北角，南倚玉带河，西隔南北大街即中市河。

今中市河和玉带河早已填没为街巷，我们也无法考证乔园是否从玉带河引水入园，但其选址和理景与泰州丰富的城市水系是相辅相成的，正如

1　俞扬 . 吴陵野纪（卷一）：泰州旧事摭拾 [M]. 南京：江苏古籍出版社，1999.
潘谷西 . 江南理景艺术 [M]. 南京：东南大学出版社，2001.
陈薇 . 当代中国建筑史家十书：陈薇建筑史论选集 [M]. 沈阳：辽宁美术出版社，2015.
鱼米之乡江苏编写组 . 鱼米之乡：江苏（二）[M]. 北京：中国旅游出版社，2015.
国家文物事业管理局 . 中国名胜词典江苏分册 [M]. 上海：上海辞书出版社，1982.
王劲，薛垲 . 泰州“乔园”的历史变迁 [C]// 建筑历史与理论第十一辑 . 2011 年中国建筑史学学术年会论文集 - 兰州理工大学学报第 37 卷，2011.
张春华 . 扬州地区住宅的发展脉络研究 [M]. 南京：东南大学出版社，2011.
陈薇 . 体验私家园林的变化过程：从江苏泰州乔园的扩建说起 [J]. 建筑学报，2008(1):102-106.

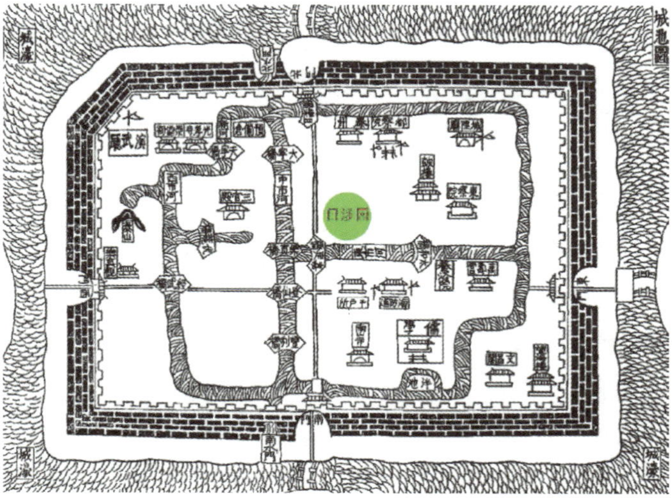

图 4-21　日涉园在城市水系中的区位

图片来源：明万历《泰州志》

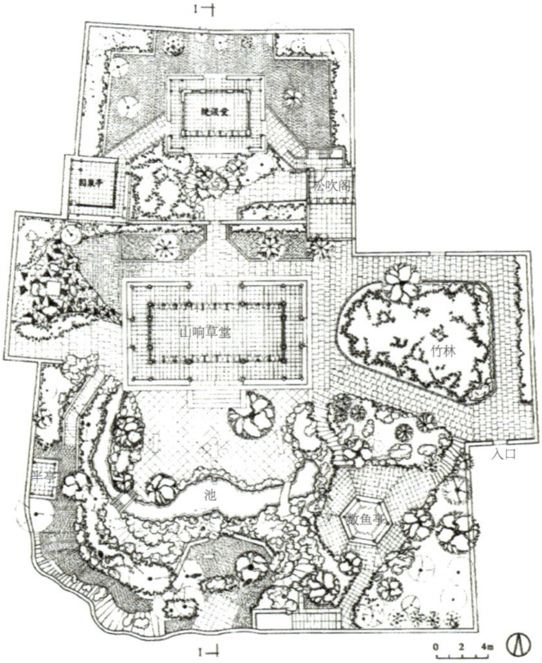

图 4-22　日涉园现状平面图

图片来源：潘谷西《江南理景艺术》

清咸丰年间的园主人吴文锡所言，该园“其地甚小，而外之山环水抱，无美不备。”

日涉园原为明代太仆陈应芳的宅园，建于明万历年间（1573—1620），取晋陶潜《归去来辞》中“园日涉以成趣”句而定名。又因主景为三石峰，故又称“三峰园”。后园易主，又改称“蛰园”“乔园”。日涉园在其盛时范围甚大，除园林外尚拥有大住宅，这座大住宅是屡经扩建及逐步兼并形成的。

今存残园仅为原园中部，占地约 1 300 平方米（图 4-23）。在总体布局上，以山响草堂为中心，其前凿池叠山以构成主景。后部辟一小园，别具曲笔，使人于兴尽之余，又入佳境。这两者不论在大小、隐显还是地位高卑上，皆有显著不同的感觉，充分运用了空间组合上的巧妙手法。至于厅室居北，水池横中，假山对峙，洞曲藏岩，石梁卧波等，用极简单的数事组合成之，不落常套，光景自新，明代园林特征就充分地体现在这些地方。此园林以东南西北四个风景面构成，墙外楼阁互为借景。游览线以环形为主，山巅与洞曲又形成上下不同的两条游径，并佐以山麓崖道及小桥步石等歧出之，使规则的主线更具变化。

图 4-23　日涉园现状剖面图

图片来源：陈薇《体验私家园林的变化过程：从江苏泰州乔园的扩建说起》

乔园尚存明代遗物和清代建筑，山上古柏一株，树龄与园龄相当，可证此物为明代旧物，而山石一体，山腹架构成洞，结构也古，基本确定南部旧存中尚有明代遗物。园内建筑均为清代遗存，虽后来修缮多次，但基本做法和风格，诸如清水砖墙、青瓦花脊、青砖漏窗等，仍保持泰州园林质朴简洁的古风遗韵。

时过境迁，虽然泰州作为历史文化名城还保留着原来的格局，但街道、建筑风格和高度、生活内容等城市背景已有翻天覆地的变化，而乔园又位于泰州的核心位置，声望亦高。2006 年泰州市重新改造、扩建了日涉园（图 4-24）。以现有园林为中心，在分区相对独立的基础上，形成一个整体上风格协调、具自然特色的私家园林。园分中、西、东、南四区。

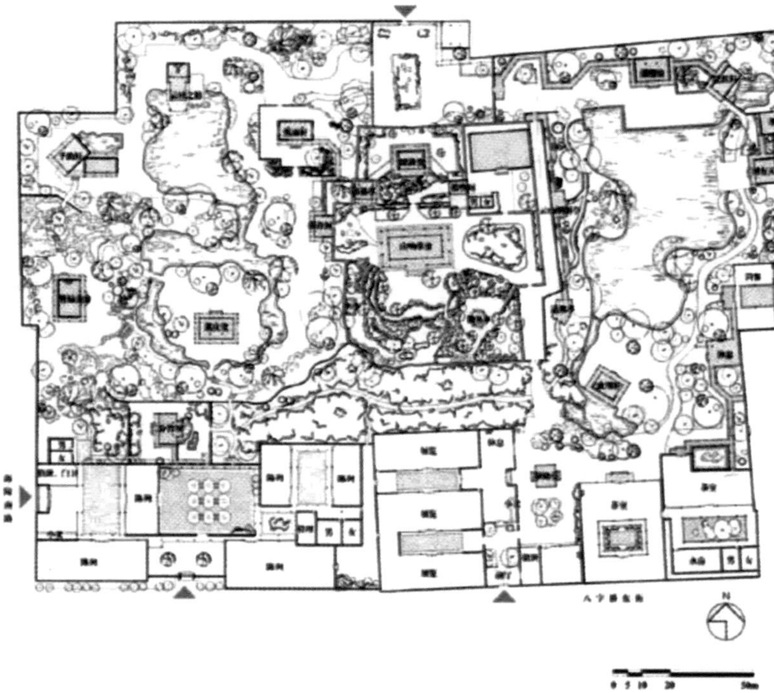

图 4-24　日涉园扩建平面图

图片来源：陈薇《当代中国建筑史家十书：陈薇建筑史论选集》

中区（明清园林保留区）

现状园林以边墙为界，全面而真实地保留。特色是园小却有深趣，布局紧凑得体。建筑、山体、树木布局隐含有轴线，而两侧景色各异。园北、园南两端基址颇高，中间草堂平阔，乔木成荫，十分幽静。

西区（清代园林复原区）

山体为重，水面为辅，建筑结合植物成各主题景色。来青阁下为和清园之连接通道，登阁可望园之全胜，西行左有石笋矗立，其西为莱庆堂，北有白皮松耸立，南为二分竹屋，碧玉万千，清风时来，循竹径而北为皆绿山房，周围春夏秋冬四季有景。来青阁北为蕉雨轩小院，园内外芭蕉丛植，雨时别有情趣，再北为文桂之舫，临水伫立，楚楚动人，周围桂树飘香，玉兰绽放，折而西为千韵轩，植牡丹甚多，此处隔水观景或南望诸色，万千韵味尽在不言中，又西为石林别径，自皆绿山房至此。皆绿山房又位于2米山高之顶，于二层凭栏，东望全景，夕阳下水木清华无限生辉，明园丹青入画，仿古园水烟缥缈，更衬映得草堂前峰石枯株之奇妙。

东区（仿古园林扩大区）

东区和中区结合部根据现状和文献描绘，以巷弄和中区分隔，同时可作消防通道。隔巷沿墙建廊，走山形之势。区内以大片水面锦汇漪为中心，阔地平台南北呼应，东北支溪水入院墙，深深几许，西南成润又汇壁立山屏之前，倚坐栏前，冥想万千，山岚氤氲因山水而起，建筑环锦汇漪叠伏起落，形成容人量较大的休闲仿古园林区。尤东南角茶社利用保留建筑，一层观景开阔，神清气爽，二层鸟瞰园林，变化莫测，思绪万千，其西侧书楼有书卷，一册在手阅古今。于此区，现状的树木、水面及历史建筑也得到了保留。

南区（民居展示服务区）

此区顺理成章地延续了清代部分前宅后园布局，但毕竟不是实地实景，宅之功能又须置换，故取其大形而虚实联系，又鉴古画之景，得其形也。建筑为当地硬山民居风格，成南北向或东西向轴线布局，院落穿插，近园一侧凹凸自然，与园衔接，临八字桥东街建筑，立面成线构成传统街景，偶有红花绿叶探问，颇得私家意趣。其间功能，为参观游览之室内活动部分，拟为陈列展览和休憩品茗等功用。

山体延绵，似断还连

自西区西南往北折向东山石而下，落坡及水；又自西区东北角起伏断续，接至现状领汲堂高地；再向东折东区南向成土坡叠起，和现状池南三峰插笏隔巷呼应；又东而西区南缓坡接壤。水体阔狭有致，山环水绕：西区明代园林落石入水，汇水成片，又绕岛而环，临山成流；中区浅碧水萦如带；东区水阔如湖，菖蒲丛生，极具自然生趣。建筑大疏大密：用地南区建筑成组成院，取民居形式，置现代功能；园区建筑疏落有致，配合地形高低错落。

何园[1]| 扬州古城水系

何园现位于扬州老城区南河下街区，东南两侧临古运河，享有“晚清第一园”之誉。民国时期王振世《扬州览胜录》中，喻之为“咸同后，城内第一名园，极池馆林亭之胜”。何园于 1988 年被国务院定为全国重点文物保护单位。

何园位于扬州城区徐凝门街，为清同治、光绪年间湖北汉黄德道道台何芷舠在明代双槐园的基础上修建而成的私家住宅园林，光绪九年 (1883 年) 又购得吴氏片石山房并入园中。一名何同，取名于主人姓氏；一名寄啸山庄 (图 4-25)。

图 4-25　寄啸山庄

图片来源：华德荣等《风流宛在：扬州文物保护单位图录》

何园现占地面积 14 000 余平方米，建筑面积 7 000 多平方米，包括厅堂 98 间 (不包括复廊和园中亭阁，图 4-26)，在私家园林的布局中建筑密度偏大，但是却有“庭院深深，帘幕无重数”与“疏可跑马，密不可插针”的空间感受。何园整体是扬州民宅常见的南宅北园布局，但又以穿插交错的方式模糊了“宅”与“园”的界限 (图 4-27 至 4-30)。按照功能和空间关系可以将何园分为三个部分，即住宅区、东西花园和片石山房。

1　潘谷西 . 江南理景艺术 [M]. 南京：东南大学出版社，2001：149-150.
华德荣，仲玉龙 . 风流宛在：扬州文物保护单位图录 [M]. 苏州：苏州大学出版社，2017
唐云俊 . 江苏文物古迹通览 [M]. 上海：上海古籍出版社，2000.
仲玉龙 . 扬州国粹 [M]. 扬州：广陵书社，2015：46-47.
何园官网 [EB/OL]. http：//www. he-garden. net.
陈从周 . 扬州园林 [M]. 上海：上海科学技术出版社，1983.

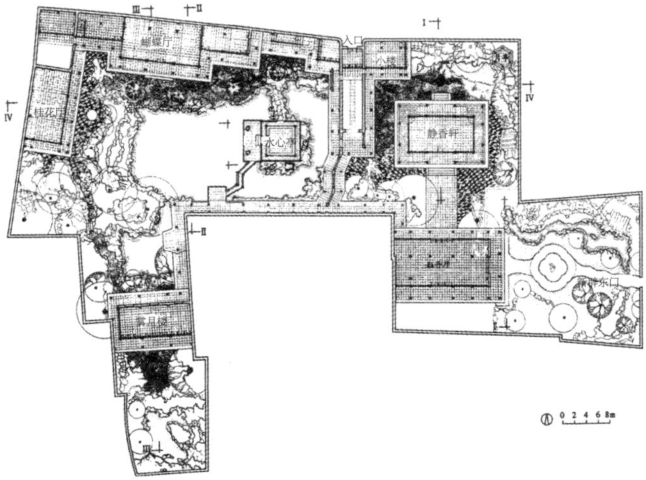

图 4-26　何园平面图

图片来源：潘谷西《江南理景艺术》

图 4-27　何园东部西视剖面图

图片来源：潘谷西《江南理景艺术》

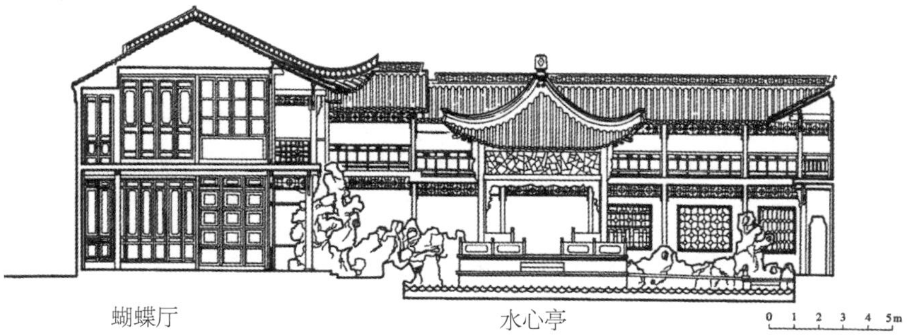

图 4-28　何园西部东视剖面图

图片来源：潘谷西《江南理景艺术》

图 4-29　何园西部西视剖面图

图片来源：潘谷西《江南理景艺术》

图 4-30　何园南视剖面图

图片来源：潘谷西《江南理景艺术》

住宅大致分为西、中、东三路，结构较松散，其间穿插园林小径，没有明显的火巷分隔。西路建筑体量最大，最为完整。第一进院落的主建筑与归堂为清代楠木大堂，后为两进双层住宅楼房，又称为玉绣楼，水磨砖墙，百叶门窗，前后均有走廊，廊柱为拱券形态，具有浓郁的西洋风情。东、中两路建筑主要是附属性的居住功能。中路建筑轴线正对东花园的花厅与船厅，宅区与园区以月洞门相隔。

东西花园位于住宅后部，面积约 0.4 公顷，复道回廊将园分为东、西两部分。东花园以主厅堂船厅“樱海轩”、对厅牡丹厅为建筑轴线构成园林主景。西花园为何园的主体园林部分，园中有一泓碧水，水心筑方亭“小方壶”（图 4-31），是中国少有的水中戏亭之一。亭南有石桥三折，北有湖石飞梁凌波。池西南有假山一组，黄石贴壁，湖石为峰；山后有潜山阁三间。池北有南向蝴蝶厅一座（图 4-32），中间面阔七间，三楹稍突出，歇山顶式建筑，四角昂翘，形似蝴蝶，整个建筑窗扇挂落等装修精美豪华，多以喜、寿字、牡

图 4-31　水心亭

图片来源：潘谷西《江南理景艺术》

图 4-32　蝴蝶厅

图片来源：潘谷西《江南理景艺术》

丹等热闹吉祥的装饰图案为主。园西南有赏月楼一座，与复道回廊相连。池西桂花厅坐落在山石桂树丛中。春石假山偏于一侧，主峰于水池西侧升起，往南转折延伸，极为峻峭，是整个何园的最高点，山南有“赏月楼”，楼前叠有二层湖石假山，清静幽雅。

片石山房为明末旧园“双槐园”旧址。片石即青石板，以叠石著称，其湖石假山为清初大画家石涛叠石的“人间孤本”(图4-33)。山倚靠北墙而建，西首为主峰，越石梁蹬道而至峰顶，峰下构方屋两间，古朴自然。根据记载，山前原有“方池一座”，后被填平。这座花园除了假山主峰和明代的大厅以外，其余均被毁坏，假山的东侧余脉及东南的配峰、自然形态的水池、现有“琴棋书画”等景观均为20世纪90年代吴钊肇先生指导扬州古建园林院复建而成。

图4-33　石涛叠石

图片来源：何园官网

何园的建筑总体是传统坡屋面、梁柱结构，墙体则是砖石结合，形式追随功能，变化多样，这在当时是十分创新时尚的理念和做法。何园现存铸铜栏杆、彩色玻璃、瓷砖等均从法国进口，玉绣楼的拱券等做法与武汉法领馆建筑如出一辙。园内主要的居住建筑如蝴蝶厅、玉绣楼、读书楼、怡萱楼、跑马楼、东二楼均为二层建筑,构成长达 1 500 米的复道回廊(图 4-34),享有"天下第一廊"的美誉，构成园林建筑四通八达之利与回环变化之美。这在中国园林中绝无仅有，被业内专家称为中国立交桥的雏形。与湖石假山勾连串接了各个相对独立的院落空间，形成极为复杂的空间穿插关系。

图 4-34　复道廊

图片来源：陈从周《扬州园林》

何园虽是平地起筑,但却独具特色:通过嶙峋的山石、磅礴连绵的贴壁假山,把建筑群置于山麓池边，并因地势高低而点缀厅楼、山亭，错落有致。园林建筑既具有西方建筑特色，又吸收了中国皇家园林和江南诸家私宅庭园之长，并广泛使用新材料，是清代扬州大型园林中的压轴之作。

个园[1]| 扬州古城水系

个园是扬州园林的代表，面积一公顷余，以四季假山闻名于世。与北京颐和园、承德避暑山庄、苏州拙政园齐名，被列为中国四大名园之一，现已列为全国重点文物保护单位。

个园北门位于扬州城区盐阜东路，南门位于东关街，是清代嘉庆年间两淮盐业商总黄至筠的宅第花园。黄氏，性爱竹，因竹叶形似“个”字，故取名为个园。个园是在明代寿芝园旧址上扩建而成的私家住宅园林。个园（图 4-35）占地面积达 24 000 平方米，建筑面积近 7 000 平方米。总体布局在清中晚期的扬州园林中显得非常规整，整体由南至北分别是住宅、庭园和松竹林三个部分，比其他私家园林多了北部的林区。宅、园、林占地几乎均等，独立成章。

个园住宅坐北朝南，现有东、中、西三条轴线，前后各三进，四合院格局，为明清传统建筑。由三条轴线间的两巷道向北进入园林部分（图 4-36）。

1　华德荣，仲玉龙．风流宛在：扬州文物保护单位图录 [M]. 苏州：苏州大学出版社，2017.
陈从周．扬州园林 [M]. 上海：上海科学技术出版社，1983.
倪明．历史园林的保护与开发研究 [D]. 南京：南京林业大学，2011.
谢明洋．晚清扬州私家园林造园理法研究 [D]. 北京：北京林业大学，2015.
谢燕，王其钧．私家园林 [M]. 北京：中国旅游出版社：2015.
仲玉龙．扬州国粹 [M]. 扬州：广陵书社，2015.

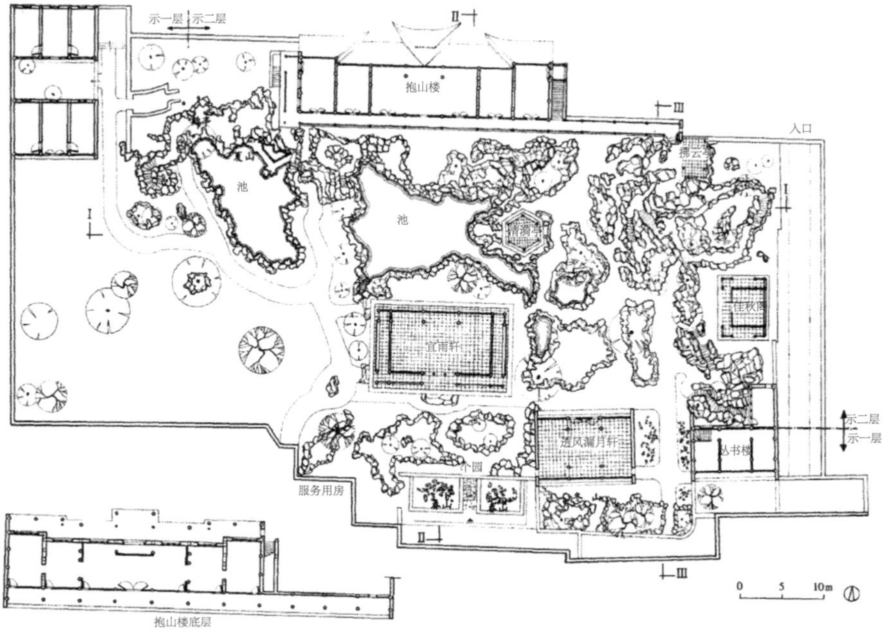

图 4-35　个园园林部分平面图

图片来源：潘谷西《江南理景艺术》

园林部分以四面厅及水池为中心，四周环绕山石建筑，整体开敞连贯，一气呵成，局部的意境又各自成章，可以明确感受到随着景致的推进，空间拉开了序幕，又渐渐掀起高潮，收尾落幕转而呼应起始。景观的布局延续了西路建筑的轴线，由南至北依次为园门、宜雨轩、水池、抱山楼。南侧入口的园门门额上题“个园”二字，门北为太湖石叠筑的花坛，造型灵动，似十二生肖，被后人附会为“百兽闹春图”，花坛内种植桂丛，巧妙地与宜雨轩即桂花厅联系起来。主轴线上的建筑，包括园门与种植池、宜雨轩和抱山楼都是规整的坐北朝南、左右对称的建筑，而且由南到北体量依次扩大，前低后高，最后以宽 31 米的抱山楼收尾，以雄浑的气势压阵整个园林。园林的东西向没有体现出明显的轴线，而是采用均衡分布的构图法则，围绕中心水池组织山水脉络。

“春夏秋冬，山光异趣；风晴雨露，竹影多姿”，园林内分别以笋石、湖石、黄石、宣石构造春、夏、秋、冬四季假山（图 4-37）。陈从周在《说园》中评价个园的假山是：“春见山容，夏见山气，秋见山情，冬见山骨。”

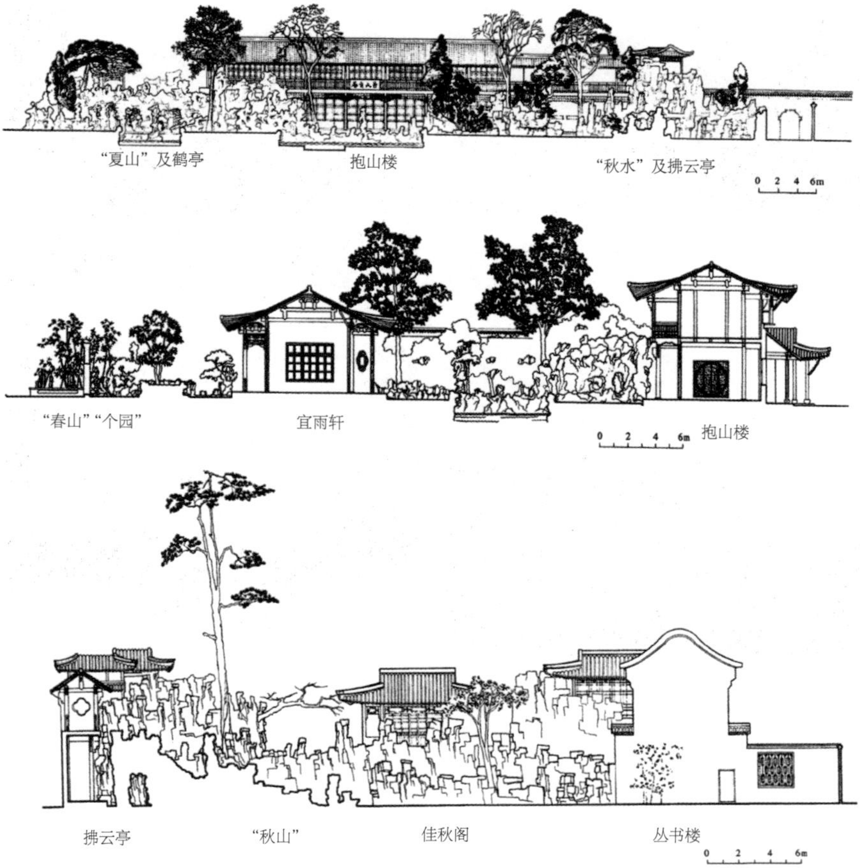

图 4-36 扬州个园剖面图

图片来源：潘谷西《江南理景艺术》

个园的园林建筑总体为较为明显的徽派特色，依照清代官方建筑规制建造，端正雅致，外形体量较高大，较其他扬州私家园林建筑更显豪门气派。个园的主要厅堂与何园、逸圃等晚清园林相比具有晚明遗风，空间更为方正规整，较少复杂的穿插组合变化，而局部的厅、榭等小品建筑能依园景特点适宜调整尺度造型色彩，与整体氛围协调。

宜雨轩，又叫桂花厅，位于主园林中心，采用四面厅式构架。宜雨轩经过精心设计，为南派园林建筑的经典样式：面阔三间，进深七檩，歇山顶嫩戗起戗，四面卷蓬廊，中间瓜子过梁，空间开敞。东、南、西三面各有外廊轩，美人靠

秋山 夏山

春山 冬山

图 4-37 四季假山

图片来源：华德荣等《风流宛在：扬州文物保护单位图录》

设计得窄小精致，宽不到 30 厘米，中有宽仅 12 厘米的几案，可倚靠置物，是巧妙且实用的设计；厅主立面为花结嵌玻璃内心仔外长窗，采光透景效果极佳，局部花窗镶嵌蓝色水纹玻璃，这在当时应是十分时髦且十分昂贵的做法。

抱山楼与花厅隔池相对，是一座长达三十多米的二层长楼，面阔七间，南北一层均有回廊，北侧一层墙面处理为粉墙花窗月洞门形式。檐下有临曰“壶天自春”。其东端经一段廊楼与黄石山上的拂云亭相连，西端与湖石山相连，经山上方亭“鹤亭”蜿蜒而下。这种经由假山上楼的室外楼梯做法，在江南园林中较为常见。

清晏园[1]| 里运河

清晏园（图 4-38）位于今淮安市区西大街，明清时期曾为漕运总督、河道总督公署的西花园，是淮安地区唯一保存完好的清代古典园林，也是苏北地区最具代表性的园林，为全国重点文物保护单位。“清”者，清水、清河之意；“晏”者，安也，有平静、恬静之意，表达了渴求彻底治理水患之意。

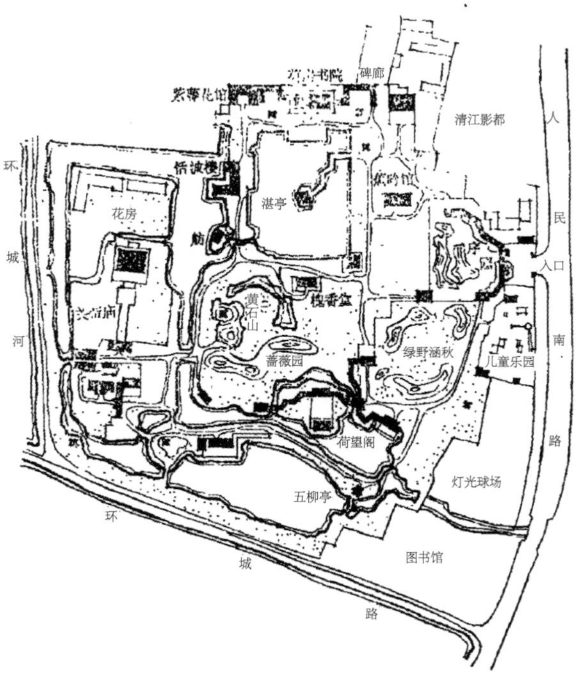

图 4-38　清晏园

图片来源：朱仰石《明清漕、河总督署西花园：清晏园》

1　中华人民共和国国家旅游局 . 中国旅游景区景点大辞典 [M]. 北京：中国旅游出版社，2007.

朱仰石 . 明清漕、河总督署西花园：清晏园 [J]. 中国园林，1994(1):17-20.

蔡维国 . 南北文化兼容的明清衙署园林：淮安市清晏园园林艺术分析 [J]. 园林，2019(6):40-44.

贾珺，黄晓，刘珊珊 . 江苏上海古建筑地图 [M]. 北京：清华大学出版社，2015.

淮阴地处江苏苏北中部，淮河南岸，自古以来是南北交通要道。明清两代漕运事业发达，淮阴曾盛极一时。清代河道总督署、漕运总督署均曾设立淮阴，治所清江浦，经济文化繁荣，文人墨客荟萃，私人庭园星罗，官宦园林棋布。后因黄淮水患和战火沧桑，园林大部湮没，唯清晏园部分留存。

明永乐年间，户部平江伯陈瑄开凿清江浦河，总督漕运，设立户部分司公署，成为清晏园最早的前身。康熙十七年（1678），兵部尚书靳辅总督河道，在明户部公署旧址“凿池种树，以为行馆，再筑以围墙”，取名“清晏园”，寓意“河清海晏，五谷丰登，安居乐业”。咸丰十年（1860），因黄河从苏北改道山东入海，水患骤减，清政府遂裁汰河督，以漕运总督代理行使治河职责。入浦第一任漕督吴棠在原总河署基础上扩建新公署，其“规模之大，县城无两”（《淮阴风土记》）。民国以后，又依次改为江淮巡抚署、江北提督署、江北都督署、护军使、镇守使公署等，直到 1928 年，清晏园才结束作为衙署的历史使命。新中国成立前，园景几经蹂躏，日寇侵占时竟沦为养马场。1945 年苏皖边区政府加以整修，曾命名为“叶挺公园”。1951 年以后，经整修扩建，复称为城南公园。新中国成立后，地方政府在原有府衙及附属花园的基础上，将临近的关帝庙与私家花园纳入其中，整合辟建为公园对外开放。

清晏园现存建筑大部分均为重建，但仍大致保持了原来的历史格局和意境特色。园门东向，入门即见一组湖石假山，石峰嶙峋，洞穴幽然。沿曲廊北转，过圆形随墙门西折，为蕉吟馆，其西为大水池，形态近方，池北有五间歇山正厅，巍峨宏敞，即乾隆年间高斌所建之荷芳书院原构（图 4-39）。池中央立一座重檐攒尖六角亭，通过曲桥与东岸相接。东岸堆叠假山，山北有较射亭，再北为御碑亭，内存康熙帝御笔“澹泊宁静”碑。荷芳书院之西有紫藤花馆，内藏一株 300 年以上树龄的古藤。方池西岸建恬波楼，其南水面上有一座重建的清晏舫（图 4-40），再现了昔日画舫斋的神韵。方池南岸，堆叠大型黄石假山，山北临水建槐香楼，与荷芳书院、水心亭形成一条中轴线。园西部的关帝庙是一座古庙，其中的大殿尚为明代原构。庙南原有一所旧宅院，并入清晏园后，为了纪念叶挺将军而将其定名为“叶园”。

清晏园是一座衙署花园，主要供历代河道总督和之后的漕运总督驻节期间休憩赏玩，与皇家园林、私家园林的属性有明显差异。这是一座以“治水”为主题的古典园林，初名“淮园”，又名“澹园”，后改“清晏”，“荷芳书院”

图 4-39 荷芳书院

图片来源：蔡维国《南北文化兼容的明清衙署园林：淮安市清晏园园林艺术分析》

图 4-40 清晏舫

图片来源：蔡维国《南北文化兼容的明清衙署园林：淮安市清晏园园林艺术分析》

匾额既形容荷池之芬芳，更取“河防”二字的谐音。园中曾设澜恬风定之轩、澜安风定轩、恬波楼，都含有安澜平波的意思。这些题名寄托了历代总督平定水患、河道平顺的最高理想。园中开辟大水池，形状近似长方形，具有端庄稳重之气，强调人工控制下的规整形状和静态特征，进一步体现了“人定胜天”“力挽狂澜”的治水主题。

清晏园的景致融合南北园林之长，其整体格局具有疏朗旷达的特点，更近于北方园林；就建筑形式和假山、植物的处理来看，又具有素雅细腻的特点，近于江南园林。

五、上善若水　水与祠庙佛寺建筑

上善若水　水与祠庙佛寺建筑 [1]

自然界水的存在形式丰富多彩，其中包含江河、湖泊、瀑布、溪流和涌泉等自然水景。中国传统文化注重风水，中国风水学的核心内容是天地人合一。巧妙地将建筑融于自然山水中，以滨水建筑的概念出现，或者在建筑内构筑水池，同时赋予建筑许多文化象征含义。而祠庙建筑是中华民族祭祀神灵、祖先或先贤的场所，如妈祖庙、龙王庙、文庙、佛寺等，或濒临水边，或构筑水景，并将其分别赋予不同的文化象征，体现上善若水、仁者乐水等传统意向，同时，在建筑形制上形成了泮池、放生池等富含水文化概念的建筑元素，强化祠庙建筑与水的关联。

妈祖庙

妈祖是流传于中国沿海地区的民间信仰，是历代航海船工、海员、旅客、商人和渔民共同信奉的神祇。民间在海上航行要先在船舶启航前祭妈祖，祈求保佑顺风和安全，在船舶上立妈祖神位供奉。保佑航行安全的妈祖庙常常建于江海口岸码头处，建筑与水常紧密相连，而在精神内核与外延上形成高度的一致性。

妈祖信仰是一种亲和性、包容性极强的民间信仰。奉祀妈祖圣像的场所除了最常见的宫、庙、堂外，在莆仙地区，还有社、寺、庵、观乃至岩、洞、坛、亭、

1　唐云俊．江苏文物古迹通览 [M]．上海：上海古籍出版社，2000.

蒋维锬．妈祖文献资料 [M]．福州：福建人民出版社，1990.

蒋维锬，刘福铸．妈祖文献史料汇编（匾联卷・对联编）[M]．北京：中国档案出版社，2009.

陈国强．妈祖信仰与祖庙 [M]．福州：福建教育出版社，1990.

江燕．重视龙王庙等水文化遗迹的保护传承——以云南省为例 [J]．四川水利，2019，40(5)：149-153.

广少奎，高群．社会变迁背景下文庙褒奖功能论析 [J]．宁波大学学报（教育科学版），2019，41(6)：9-14.

殿、阁、楼、府、祠、厅等，比如，月塘忠泰社、游洋天马寺、龙桥瑞龙庵、江口崇清观、山亭湄陀岩、笏石清源洞、黄石隆显坛、东庄天后亭、灵川灵岩殿、霞林青榕阁、莆城懿明楼、梧塘天门府、盖尾新兴祠、西天尾石盘书院妈祖厅等，形式非常丰富。

而位于苏州太仓浏河镇中心庙前街的浏河天妃宫，作为妈祖行宫，始名灵济宫，曾名顺济宫、灵慈宫，又名天妃宫，俗称娘娘庙。据文献记载，浏河天妃宫同湄洲妈祖庙、泉州天后宫、天津天后宫一起被称为大陆元代四大妈祖庙。明代郑和下西洋曾多次前来朝拜祈求天妃保佑赐福。

龙王庙

四海龙王是汉族民间所敬之神。龙王信仰起源较早，早期的龙神，虽有降雨等神性，却无守土之责。如汉代祈雨时则祭土龙。龙王是奉女娲娘娘之命管理海洋及人间气候风雨的龙神，龙王为上古之神，屈原《楚辞·九歌》当中就对其有描述记载。龙由九种动物融合而成，能上天下海，呼风唤雨。所以龙为灵兽之首，又是炎黄华夏归一的见证。被历代帝王视为君者象征，故古代帝王多次下诏封龙为王，以求社稷风调雨顺。

古时先民民智未开，认为龙王只与降水相关，遇到大旱或大涝的年景，百姓就认为是龙王发威惩罚众生，所以龙王在众神之中是一个严厉而又有几分凶恶的神。

在道教典籍中：天龙神辅佐勾陈上宫天皇大帝、雷部众神（九天应元雷声普化天尊）、雷公电母、风伯雨师等天神行云施雨，阻挡能损害、毁灭太极的元素与灾害。海龙神辅佐妈祖管理海洋生灵，是渔民的保护神。女娲一共册封了九位龙王，使其泽瑞下界，滋养下界生灵。

而依托于龙王信仰的龙王庙在中国东部的广大地区大量存在。由于常受旱涝灾，民间为祈求风调雨顺，建有龙王庙来供拜龙王。庙内多设坐像，通常只立有一位龙王。龙王庙常设于深潭、大河附近，与水形成密切的联系。

文庙

文庙又称孔庙，是纪念和祭祀我国伟大思想家、政治家、教育家孔子的祠庙建筑，在历代王朝更迭中又被称作文庙、夫子庙、至圣庙、先师庙、先圣庙、文宣王庙，尤以“文庙”之名更为普遍，是儒教徒活动的场所。

文庙建筑形制上一般有照壁、泮池、牌坊、聚星亭、魁星阁、棂星门、大成

图 5-1　南京夫子庙以内秦淮河一段作为泮池

图片来源：根据卫星图绘制

殿、明德堂、尊经阁等建筑。文庙前的水池一般称为“泮池”。鲁国学官设于泮水之畔，周朝时“天子之学为雍，诸侯之学为泮”，以后相沿成习。南京夫子庙建庙前将流经广场的秦淮河一段河道改造为泮池，从而使其成为中国孔庙中仅有的一座用天然活水作泮池的庙宇（图 5-1）。

佛寺

《大智度论》云：“诸余罪中，杀业最重，诸功德中，不杀第一。”因此放生池是许多佛寺建筑中都有的一个设施，一般为人工开凿的池塘，为体现佛教“慈悲为怀，体念众生”的心怀，让信徒将各种水生动物如鱼、龟等放养在这里。信徒放一次生就积一次德，象征了“吉祥云集，万德庄严”的含义。放生池的意义重大，它不仅仅是一个放生鱼的池子，更重要的它是一种激发众生慈悲心的手段。将鱼或者鸟放生，是善人一种发自内心的愿望。

夫子庙[1] | 秦淮河

夫子庙是汉代全国各地常用的孔夫子庙的简称，而在以儒家思想为主导的中国传统思想文化中，全国统一建庙，这不仅在中国，就是在全世界的文化史和建筑史上都是独一无二的。其建庙活动从古延续至今，现在各地包括海外都依旧盛行修建孔子学院。而从古至今，南京秦淮河边上的夫子庙都作为生活在这方水土上人的精神和文化象征。

秦淮河是南京古老文明的摇篮，南京的母亲河，历史上极负盛名。这里素为“六朝烟月之区，金粉荟萃之所”，更兼十代繁华之地，被称为“中国第一历史文化名河”。而内秦淮河从东水头至西水关全长 4.2 公里的沿河两岸，从六朝起便是望族聚居之地，商贾云集，文人荟萃，儒学鼎盛，素有“六朝金粉”之誉。自六朝至明清，十里秦淮的繁华景象和特有的风貌，曾被历代文人所讴歌。金粉楼台，鳞次栉比；画舫凌波，桨声灯影构成一幅如梦如幻的美景奇观（图 5-2）。

南京夫子庙位于南京市秦淮区秦淮河北岸贡院街旁，为供奉祭祀孔子之地，是中国第一所国家最高学府，也是中国四大文庙之一，它以大成殿为中心，南北成一轴线，左右建筑对称，是中国古代文化与人文荟萃之地。

夫子庙始建于东晋成帝司马衍咸康三年（337），根据王导提议“治国以培育人才为重”，立太学于秦淮河南岸。宋景祐元年（1034）改建为孔庙，在六朝至明清时期，世家大族多聚居于附近，故有“六朝金粉”之说。范蠡、周瑜、王导、谢安、李白、杜牧、吴敬梓等数百位著名的军事家、政治家、文学家在这

1　高安宁 . 历史深处的桨声灯影——秦淮画舫游船小记 [J]. 江苏地方志，2013(4)：4-20.
丁沃沃 . 传统与现代的对话 [J]. 建筑学报，1998(6)：28-30.
高安宁 . 天下文枢 [J]. 江苏地方志，2017(5).
张书苑，项阳，吴超 . 再读夫子庙 [J]. 建筑与文化，2017(12)：33-37.
罗婧，吴迪 . 一江秦淮水，千年科举情 [J]. 建筑与文化，2016(12)：61-65.

图 5-2　江宁秦淮河局部

图片来源：王翚，杨晋等《康熙南巡图》· 北京故宫博物院

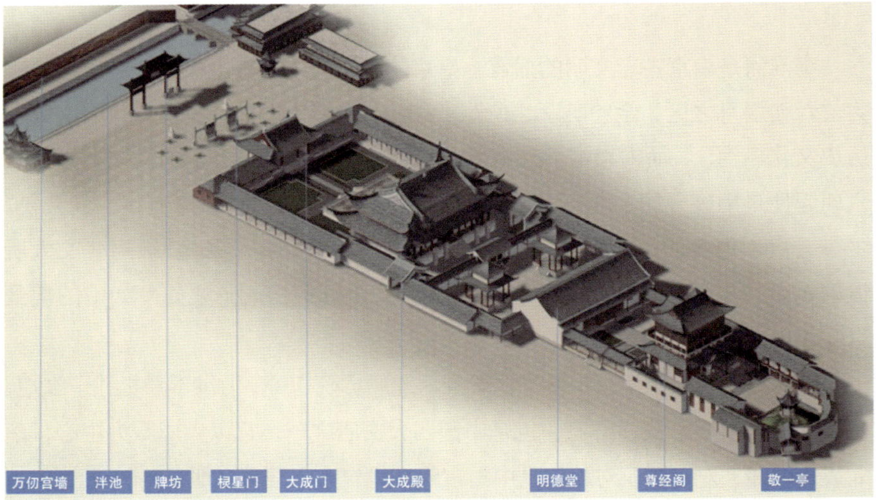

图 5-3　夫子庙重要建筑分布

里创造了不朽的业绩，写下了千古传诵的篇章。

夫子庙作为南京的文教中心，与曲阜孔庙一脉相承，最强调章法、最讲究形制，时刻体现传统礼制观念。夫子庙占地约 2.6 万平方米，以纵轴统领整个建筑群。在其主轴线上形成了前、中、后三部分，轴线长达 300 多米。建筑自南而北沿中轴线依次对称布置（图 5-3），南起万仞宫墙（图 5-4），中经大成殿，北至学宫，形成严格、明晰的中轴关系。建筑的主从尊卑关系分明，建筑与建筑之间形成四进院落空间。四进院落空间的建筑都采取中轴对称的严谨布局，

图 5-4　泮池与万仞宫墙

图片来源：张书苑等《再读夫子庙》

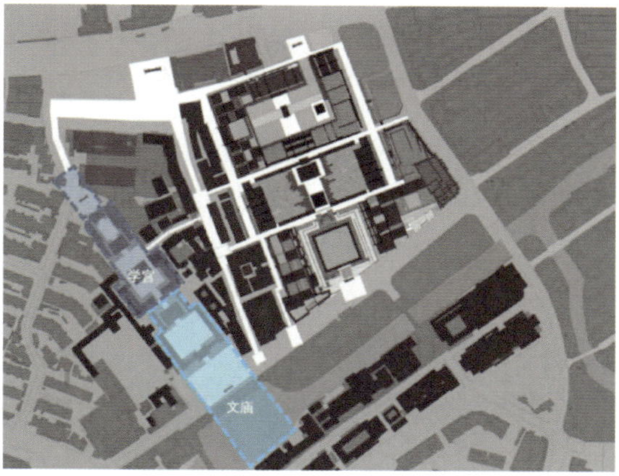

图 5-5　夫子庙及江南贡院轴线与“前庙后学”的布局

图片来源：刘克成工作室

从而产生强烈的轴向感。夫子庙作为规模宏大的古建筑群，它采取前庙后学的布局（图 5-5）。孔庙、学宫与东侧的贡院（通过考试来取士的考场）组成三大文教古建筑群。古时候的孔庙有一定的布局形式，一般前设照壁、棂星门（图 5-6）和东西牌坊形成庙前广场，棂星门前设以半圆形水池，称为“泮池”。夫子庙前以秦淮河为泮池，是唯一利用天然河道作为泮池的遗例。北岸为石栏，有“天下文枢”牌坊，游人至此可凭栏小憩，浏览秦淮河风光；南岸石砖墙为照壁，建于明万历三年（1575 年）。

图 5-6　棂星门

图片来源：张书苑等《再读夫子庙》

夫子庙已成为富有明清建筑风格的十里秦淮风光带上的一个重要景点，具有极高的艺术成就。夫子庙是典型的东方建筑风格的体现，同时还具有独特的艺术风格，充分显示了我国古代劳动人民的智慧与才能，古朴方正但又经典的构造风格，在中国古建筑史上占有重要地位。夫子庙的建筑遵循了我国传统建筑群以建筑沿中轴线而建，左右对称的原则，布局严谨大方，庄严肃穆。孔庙作为祭祀性的建筑，其特殊性表现在它的建筑标志：其主建筑大成殿大多采用抬梁式建筑（图 5-7）；泮池具有悠久的历史，为孔庙所独有；庙前的牌坊之多是其他类型的建筑无法相比的；棂星门建筑也是孔庙建筑中最具有代表性的建筑之一。同时，众多石雕作品是中国石雕艺术的上品，尤其是大成殿的石柱雕龙，更是石雕艺术中的佳作。

南京夫子庙历经沧桑，几番兴废。抗日战争中，夫子庙大部分被毁，20 世纪 80 年代经过规划和重建，夫子庙重新焕发活力，成为城市名片。自 1984 年修葺复建以来，夫子庙已接待游客一亿多人，平时日人流量在 10 万人次以上，节假日在 30 万人次以上，是中国著名的开放式国家“5A”级旅游景区。如今的夫子庙已焕然一新，再展辉煌，被誉为秦淮名胜而成为古城南京的特色景观区，也是蜚声中外的旅游胜地。

图 5-7　大成门

图片来源：张书苑等《再读夫子庙》

崇教兴福寺塔｜常熟古城水系

常熟境内水网交织，各河流湖荡均属太湖水系，其分布呈以城区为轴心向四乡辐射状。为了改善常熟城西北位的山水格局较差的情况，便建造了崇教兴福寺塔，因此此塔也成了佛教塔演变为风水塔的重要实例。

崇教兴福寺塔，俗称方塔，在常熟市大东门塔弄内（图 5-8）。现建为方塔公园，与常熟名人馆、常熟碑刻博物馆联袂开放，成为常熟市内一处主要的旅游观光景点。

南宋建炎四年 (1130) 建寺基，僧人文用，善风水，谓此地客山高而主位低，请立浮屠以镇之，县令李闾之采纳了他的建议，于是命令建塔。工程未过半，文用便去世了。咸淳年间 (1265—1274)，僧人法渊撤去遗构重建，高九级，“上施露盘，表以金刹，周设栏盾，金碧丹”，遂成一方巨观。后经明洪武八年 (1375)、清康熙四十六年 (1707)、1986 年、1998 年等 14 次大修，历七百余年保存至今。

塔虽建于宋代，但仍沿袭唐代方形楼阁式木塔的形制。塔为九级四面木檐

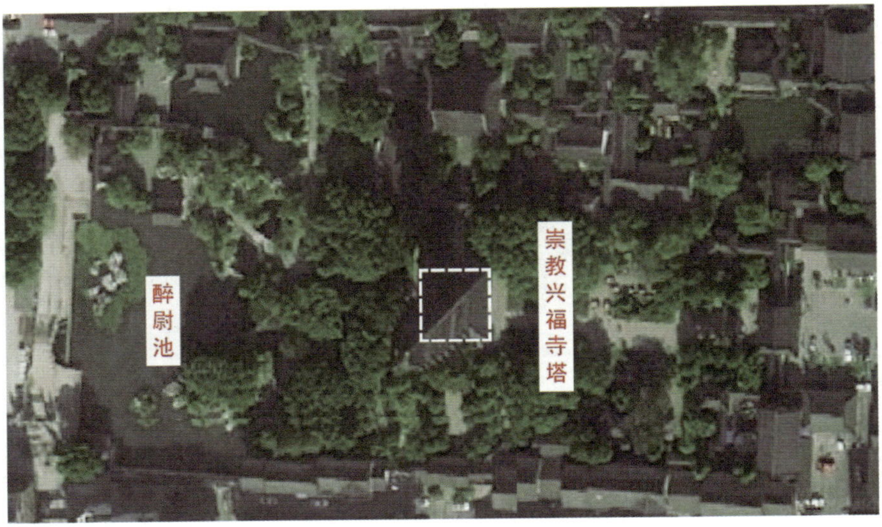

图 5-8　崇教兴福寺塔总平面

图片来源：根据百度卫星地图绘制

楼阁式砖塔，盝形顶，总高 67.58 米。塔逐层收分，立面轮廓呈抛物线状，清秀挺拔。塔面阔三间，在明间设门洞，底层为拱券式，其余均作壶形。塔壁最厚处达 2 米，平座深 0.9~1.1 米不等，檐口用擎柱支撑，每边设几何形栏杆三扇。底层设副阶回廊，四面辟券门，门两侧隐出直棂窗，转角为半圆倚柱，斗拱承挑出檐。二层以上有腰檐和平座，另有擎檐柱支撑檐下。翼角起翘，上挂铜铃。塔室底层作八角形，与二层之间有暗层，二层以上呈方形，每层有扶梯可登临顶层，塔室四面墙壁砌砖柱、阑额、斗拱。七层起有塔刹柱，贯通三层，上承塔刹，以圆形硬木三接而成，直径最粗达 0.6 米，总长 32.5 米，下边有东西向大枪梁二根承托，并于八、九层之中另设二梁作十字形状架于壁间，夹住塔心柱，借以套托铁制刹件。塔刹由铁制覆钵、七重相轮、宝瓶、宝盖、宝珠、承露盘等构件组成。

常熟历来有“小苏州”之称，并被誉为“天堂一角”。这里风物雅宜，人文荟萃。早在商代末年，中原周太王之子泰伯、仲雍（又称虞仲）为将王位让给弟弟季历，避逃江南。虞仲死后，葬在虞山上，地也因人而重。虞山又是江南平畴中少有的青山，山东南有如镜的昆、尚二湖，山东有潺潺而流的琴川，山北枕着滔滔长江，形成“七溪流水皆通海，十里青山半入城”的景色，使这里成为独特的风景名胜区（图 5-9）。崇教兴福寺塔更为这片虞山风景增光添彩，所以“东林塔影”一直被列为“虞山十八景”中重要一景。“南窥五湖近，北览大江横。历历三吴地，悠悠万古情”“壮哉窣堵坡，一瞰天地宽”“凝华浮藻五云间，下压凌虚万象闲。湖水际天天欲尽，落霞照出洞庭山”等赞美她的诗句不绝于卷。

崇教兴福寺塔因风水理论而建，位于中国早期风水塔之列，是中国古代城市规划、建设与环境相协调的范例，是研究古代建筑不可多得的实物例证。耸立在古城区的宋代方塔，是历史文化名城常熟的标志性建筑，也是目前江苏省内保存比较完好的一座宋塔。1963 年 9 月重又进行了大修。1984 年 4 月，恢复方塔原名。20 世纪 90 年代园内又辟月季园，花容秀美，千姿百色。后院增建长廊、亭、堂，凿荷池，堆假山，设常熟市碑刻博物馆、常熟市名人馆。2006 年崇教兴福寺塔作为宋代的古建筑，被国务院列入第六批全国重点文物保护单位。

图 5-9　崇教兴福寺塔

图片来源：常熟方塔古迹名胜区官网

浏河天妃宫[1] | 浏河、长江

浏河天妃宫位于苏州市下属太仓市的浏河镇新东街，门对老浏河，是江苏省级文物保护单位，初建于元代至元年间，已有七百余年历史。天妃即妈祖，当地人称娘娘，传其为海上女神，妈祖信仰自宋迄今已有千年历史，明代郑和下西洋曾多次前来朝拜祈求天妃保佑赐福。新中国成立后，天妃宫用作粮库，大殿已毁，仅存后殿，上有元代木雕和楠木梁柱等古构件，弥足珍贵。

天妃即妈祖，也称“天后”“海神天妃”，俗称“娘娘”，是中国民间影响最大的女神之一。其承载着济世度人的道德思想与理念，传说是掌管海上航运的女神，航海者的精神支柱，也是沿海居民崇奉的海上保护神。妈祖祭拜在浏河已有千年历史，早在天妃宫建成之前，出海渔民和商贾对妈祖的信仰已蔚然成风，逐步形成了妈祖的祭拜礼仪。还有其他赐子、救旱、祛病、保财、护命等多种功能。浏河天妃宫位于太仓市浏河镇新东街 90 号，始建于元至元二十三年（1286），元至正二年（1342）移建今址。现存天妃寝宫和城院庙殿是明朝时代的建筑：寝宫为二层楼，面宽 21.84 米，进深 16.3 米，高 12.5 米，1985 年并新修建了山门和碑廊，占地总面积 4 040 平方米，现辟为郑和纪念馆。1995 年 4 月被公布为江苏省第四批文物保护单位。

太仓古称娄东，濒临东海，地处长江入海口岸（图 5-10）。北宋景祐元年（1034）苏州知州范仲淹拓浚漕漕口通刘家河，此地逐渐发展成市集。元初称刘家港，清初简称刘河，后为避雷同改名浏河。刘家港被誉为“天下第一码头”，

1　唐云俊 . 江苏文物古迹通览 [M]. 上海：上海古籍出版社，2000：191.

贾珺，黄晓，刘珊珊 . 江苏上海古建筑地图 [M]. 北京：清华大学出版社，2015.

郁永龙 . 同谒妈祖，共享平安：全国重点文物保护单位太仓浏河天妃宫 [J]. 中国道教，2014(1)：46-47.

吴聿明 . 浏河天妃宫和郑和纪念馆 [J]. 上海大学学报（社会科学版），1985(2)：128-129.

宋祖荫 . 浏河天妃宫轶事 [J]. 郑和研究，2013(2)：35-37.

是元、明两代长江通海外贸易的唯一良港，又是元、明、清三代南粮北调的海运港，还是明初郑和七下西洋的始发港和归泊港。北宋宣和五年（1123）外来的闽粤商人在老浏河北岸五杨池（今龙王湾东侧）建灵济宫，供奉妈祖。元至元十八年（1281）朝廷封妈祖为“护国明著天妃”，始名天妃宫。元至正二年（1342）宫殿基础受海潮侵袭坍塌，迁至今址重建。当时船只出海前必向天妃娘娘进香，浏河镇香火兴盛。明代郑和七下西洋，每次都修葺扩建天妃宫，明宣德五年（1430）第七次出海前，郑和亲立《通番事迹之记》碑，在前庭植“西域海棠”，浏河天妃宫达到极盛。清乾隆五年（1740），官民集资建造正殿和戏楼，三年后又建后殿，形成前殿、正殿和后殿的完整格局。

图 5-10　浏河天妃宫与长江入海口

图片来源：根据卫星地图绘制

清咸丰十一年（1861）天妃宫毁于兵祸，清同治七年（1868）重建，后来正殿多次遭火，1934 年重修山门（图 5-11）、后殿等，但未重建正殿。中华人民共和国成立后山门戏台及门外牌楼被拆除。1985 年为纪念郑和首下西洋 580 周年，修缮后殿楼（天妃寝宫）、配殿和廊庑，复建前殿（山门移自原花神庙，雕饰精美），并修复整理了正殿遗址（图 5-12）。浏河天妃宫是我国沿海沿江最早兴建、祭祀妈祖的宫庙之一，同时也是元明两代海运漕粮、郑和航海的历史遗存，具有重要的历史价值。

图 5-11　天妃宫山门牌楼

图片来源：贾珺等《江苏上海古建筑地图》

图 5-12　浏河天妃宫正殿遗迹和后殿

图片来源：贾珺等《江苏上海古建筑地图》

原天妃宫建筑雄伟，占地 1 公顷左右，东西有金钩、玉带两河环抱。正山门（镇海大关）前有照墙。照墙前有月池，两侧有钟楼、鼓楼。正殿门柱均为楠木，用石磨之，粘而不落。殿中悬有大匾一块，历叙累代敕封，有元世祖的“护国”、成宗的“庇民”、仁宗的“广济”等等。壁间嵌有明三保太监郑和七次下西洋的《通番事迹碑》。后殿为楼殿，极为高大。楼上旧时藏有天妃出身图 8 幅，历记天妃灵迹，极为珍贵，每逢神寿则悬图祝祀；还有小木船百数十艘，为历年江艘海舶之微缩。当时出海之船，遇有风浪危急，望空叩祝，向天后“借船”，以脱灾厄。凡得平安归来者，都雕木作小船，鼓吹送庙，以偿“借船”之恩。庭中有郑和手植的西域海棠。

原天妃宫正殿左右有城隍庙、文昌阁、五路堂、三官司阁等建筑，各具规模，构成一组极为壮观的建筑群。殿左的道台公祠，塑有明代浏河把总邵应魁像，以纪念其浚河有功，有德于民。壁间有文徵明撰书的碑记，为浏河镇第一石刻。“镇海大关”上建戏楼，面对正殿，为无梁建筑，工艺十分精巧，极为罕见。

1911 年秋，天妃宫正殿焚于火，之后其他建筑亦陆续被毁。东西金钩玉带怀抱之河也全部淤塞为平地。整个建筑群到解放时仅存后殿及右前侧的城隍庙。中华人民共和国成立后又把后殿改作粮库，直到 20 世纪 80 年代，才撤去粮库，恢复旧貌，然后进行修缮。现存天妃宫后殿为清代所建，1995 年被列为江苏省重点文物保护单位，2010 年批准开放为道教活动场所。经过大规模改造和修葺之后，天妃宫以全新的道教场所形象面向信众，并呈现出更加浓厚的妈祖文化气息。

现天妃宫主殿门前广场已焕然一新，一尊 5 米多高的紫铜香炉矗立在中间。香炉左右各立着一块石碑：一为浏河天妃宫返三清碑，对天妃宫建成至今的历史做了详细记载；另一为通番事迹碑，记述了郑和七下西洋的事迹，此碑为 1984 年修建天妃宫时重刻。

保留至今的主建筑天妃宫寝殿，是典型的明清时代江南苏式建筑，高 12.5 米，面阔 21.84 米，进深 16.3 米，楠木梁柱，木刻廊坊，砖雕券洞门，殿楼的枋子和门楣上雕有精细逼真的海浪托日和巨龙戏水的图案，结构形式古朴典雅，气势轩昂。

2011 年 4 月 30 日，重修后的浏河天妃宫举行了隆重的修复开放暨妈祖神像开光庆典活动，整个活动呈现出浓郁的妈祖文化气息。在台湾北港朝天宫的支持下，迎请了朝天宫的妈祖神像，并安座于此，寄托着两岸同胞对和平安宁生活的向往和“同谒妈祖、共享平安”的美好愿望。

现在，妈祖祭拜已不局限于一地或一国，妈祖信众遍及全球，凡是有华人的地方，就有妈祖信仰，就有妈祖祭拜。如今的太仓浏河天妃宫香火鼎盛，尤其是初一、十五及逢年过节，更是门庭若市、熙熙攘攘，这正是国泰民安的象征。

惠山镇祠堂[1]｜无锡古运河

宗祠是一个家族的象征，一般由以血缘关系为基础的宗族，在他们聚族而居的聚落和村庄内所建。在无锡市惠山古镇，有一个特殊的古祠堂群落，祠堂内楼台亭阁、池塘石桥、假山长廊、绿树掩映（图 5-13）。古镇的文化底蕴丰厚，大运河支流惠山浜直达古镇腹地。两岸历史文物林立，人文荟萃，又是无锡地名的发源地“无锡锡山山无锡”。

无锡市梁溪区惠山古镇，东临京杭大运河，西至惠山天下第二泉，南抵锡山龙光塔北侧，北到通惠西路，街区面积 30 公顷，常住人口 3 600 余人。惠山古镇与大运河之间由惠山浜相连。惠山浜又名寺塘泾，长约 1500 多米，清朝康熙、乾隆两位皇帝下江南时，都曾七次巡幸惠山，惠山浜是他们乘船经过的黄金水道。明朝张岱《陶庵梦忆》载惠山古街景观：“无锡去县北五里为锡山，进桥，店在左岸，店精雅，卖泉酒、水坛、花缸、宜兴罐、风炉、盆碗、泥人等货。”

1　吴惠良，夏泉生．无锡惠山古镇的祠堂建筑群 [C]. 海峡两岸传统民居学术研讨会，2002.
高大伟，张龙．无锡惠山祠堂群文化景观形成动因探析 [J]. 中国园林，2013(12)：125-128.
陈方舟．保护文化遗产 传承血脉宗亲——无锡惠山古镇历史文化街区保护更新路径探讨 [J]. 江苏城市规划，2013(2)：9-13.
金石声．惠山古镇 [J]. 江苏地方志，2012(1).
朱剑虹．试论惠山古镇祠堂群 [J]. 文物建筑，2008(1)：168-175.
惠山祠堂文化研究 [EB/OL]. 无锡市史志办公室．
无锡政府网站 [EB/OL]. http：//www. wuxi. gov. cn.

图 5-13　惠山镇祠堂总平面图

图片来源：根据百度卫星地图绘制

惠山古镇傍山而存，临水而建。镇内以惠山浜、龙头河为水轴，全长 980 米，两侧延伸出两条旱轴，分别为惠山横、直街及宝善街。惠山直街长 420 米，惠山横街长 150 米，两街相互垂直，并成古街的主要通道。宝善街全长 630 米，为古街内最长的旱路，平行于直街的龙头河两侧，延伸出上、下河塘片区。此外，老街内有高士里、进士里、长寿弄等 11 条长巷交错其中，并由 7 座古桥贯通水陆，与主干道相互衬托，形成了惠山老街深巷幽弄、桥梁纵横的空间肌理格局。从整体来看，惠山老街的景观，自古以来由古运河与九龙山（即惠山）山水交融而成，并与数千年的历史文化交相辉映。山水景观空间以锡山龙光塔为重心，人文景观以惠山寺为核心，由水路惠山浜直至黄埠墩，通达古运河、北塘三里桥米市布码头；由陆路经直街到西门五里村到城市中心。水陆两线组成了十分独特的江南山水空间景观序列，现基本保存。得天独厚的地理环境，使惠山老街成为国内少见的紧靠市区而保存完好的古街。中华人民共和国成立后，因祠堂建筑大多作为民居或被单位、驻军所用，有部分损坏，但大多保护良好，根据测绘，街内保存完好的祠堂建筑 27 处，历史遗存建筑 67 处。

无锡惠山的山川形胜为惠山寺、墓葬及祠堂群的建设奠定了良好的景观基础。南朝惠山寺及其持续建设带动了惠山的人文开发，促进了先贤祠的建设，而墓葬的营建则带动了墓祠的建设，并在后期转变为宗祠或先贤祠，客观上推动祠堂在惠山集中局面的形成。宗族祭祀传统及其在明代的改革以及康乾二帝南巡对惠山的青睐推动了民间宗祠的大规模建设，使得惠山脚下的祠堂数量大幅增加；而无锡近现代工商业的发展在推动惠山祠堂群建设的同时，也丰富了祠堂的建筑风格（图 5-14 和图 5-15）。

图 5-14　惠山镇祠堂群

图片来源：无锡政府网站

图 5-15　惠山镇牌坊

图片来源：无锡政府网站

据史料记载，商末泰伯定居梅里后，惠山脚下出现了以血缘世系为主的村落和家族墓地。南朝始建惠山寺，锡民始在寺前建祠立庙，至元明惠山祠堂群逐渐兴起，无锡境内外宗族纷纷回到惠山，街区日趋成熟兴旺，于清末民初达至鼎盛。

南齐高帝萧道成于建元三年（481）赐予无锡邑人华宝“孝子”额。唐代，陆羽《惠山寺记》中，即有祭祀东晋孝子华宝的“华孝子祠”和战国封地江南的春申君黄歇的专祠“春申君祠”的记述。明代嘉靖年间（1522—1566），朝廷皇法正式允许民间联宗立庙建祠，于是除了吴、顾、钱、朱、李、陆、秦、高、华、胡、赵、薛等高官达贵历代在惠山敕造祠堂外，无锡的王、张、陈、周、杨、刘、荣、唐、徐等大姓及太湖望族也纷纷在惠山择地建祠，沿惠山浜端的寺塘泾两岸、观泉街（名泉里）、听松坊古道和横、直两条旱街及二泉东、北二向水系两侧，建造了密集连片的祠堂建筑群。清代，大量的普通百姓，包括外籍客商、流宦，在惠山古镇这弹丸之处，也争得一席之地营建各个家族的宗庙家祠。

惠山古镇作为无锡历史文化遗产最为丰富、文化底蕴最为深厚的历史文化街区，尤其是街区内的118处祠堂，记录了自唐代以来至民国初期江南地区丰富的历史信息，是研究中华谱牒文化的活化石，也是无锡传统文化得以面向世界的一张王牌。已故著名古建专家罗哲文老先生即使躺在病榻上，仍就惠山古镇申遗中的问题予以指导，再三强调惠山古镇能聚集上百座祠堂，实属世界罕见。

惠山古镇的祠堂，具有数量多，年代跨度大，密集分布，风格多样等特点。祠堂主要沿惠山横直街和上下河塘展开，著名的祠堂园林有唐陆贽祠、宋范仲淹祠、元倪云林祠、明顾可久祠、清王恩绶祠、清杨延俊祠（也称留耕草堂）及民国的杨藕芳祠等60余座，涉及姓氏80个，分钦定官设与民间立祠两大类别，有宗祠、家祠、贞节祠、行会祠等类，它是中国祠堂历史文化发展的实物见证，是原生态的历史遗存，体现了忠孝节义的儒教文化价值观，对谱牒学及祠堂文化研究有着标本作用。

这些祠堂风格各异，精彩纷呈，高低错落、次第相接，无一相同。大多是粉墙黛瓦飞檐斗拱的中式建筑，也有结构明快琉璃点缀的西式建筑。亭、台、楼、阁、寺、园、桥、榭，以及戏台、古树名木等一起构成了祠堂群的总体建筑形貌。

惠山祠堂群依山傍水临泉，风景优美，符合中国的风水观念。

惠山祠堂是在1 000多年中陆续完成的，但是建筑之间其空间肌理与秩序搭配非常合理，各种祠堂都能依据不同地形条件，因地制宜、合理布局，巧妙地处理地形地貌、借山借水借景，让建筑与环境巧妙融为一体，体现了天人合一的艺术追求。游人在这里，移步换景，可以感受到十分多元的空间意象，同时，院落空间布局形式、祠堂型制十分多样，建筑装饰别具特色。祠堂建筑的装饰上，也充分体现出向善、崇德、敬祖、忠孝的文化取向，富于教化意义。

惠山古镇这些风格各异的祠堂建筑，包含着极其丰富的建筑历史文化和宗祠、谱牒文化内涵，折射出浓郁的吴地文化特色、厚重的历史积淀和深邃的文化底蕴，是研究和发掘吴文化的宝库，也是研究传统建筑文化最好的实体依据。

南通天宁寺[1]| 南通濠河

濠河是南通的古护城河，被誉为南通城的翡翠项链。依水筑城，环城引水作护城河，亭、塔、桥、树与濠河融为一体，交相辉映。天宁寺就屹立在濠河之滨，是南通年代久、规模较大而又保存较好的一座佛教寺院，现为全国重点文物保护单位。

史载后周显德五年（958）筑通州城时，即有今濠河的雏形。它是由天然水泊经人工开凿而成，源于自然，成于人工。随着南通城的发展，濠河不断拓展延伸，至明万历年间已具今日规模。濠河现周长7.9公里，水面积69公顷，

1　徐永战，程宗剑．南通古城建筑初探[J]. 江苏工程职业技术学院学报，2011，11(1)：40-43.
肖正德．南通的塔[J]. 档案与建设，2003(12)：16-17.
凌振荣．南通天宁寺大雄之殿维修记略[J]. 东南文化，1996(2)：126-129.
江苏省佛教协会．当代江苏佛教[M]. 南京一品图文制作有限公司，2004.

平均水深 2.5 米，水面最宽处 215 米，最窄处不足 10 米，河呈葫芦状俯卧市区，分南环和北环两个圈。北环内 1 平方公里的范围为通州古城，是历代政治、文化和商业中心；南环小于北环，是明代为防御而筑的新城，现为文化教育区。

南通城由新旧两城组成，形似葫芦。但城墙已毁，唯有濠河仍以其独特的形态，界定了南通古“葫芦城”的范围，成为南通城的永久史证。濠河全部贯通，水城相连，既环城又穿城，上有 20 多座各式桥梁，可谓“画桥处处映江城”，形成了其他城市罕见的“城包水，水绕城”的独特格局。

天宁寺在南通古城中北部，崇川区中学堂街西首，北临濠河，始建于唐朝。全寺坐北朝南，以山门、金刚殿、大雄宝殿、药师殿为中轴结构（图 5-16）。此外还有伍篮、火星殿、水神殿（禹王殿）、祖师殿和大意堂。西北为光孝塔（图 5-17），山门前有照壁一块，门前有石狮一对。

大雄宝殿是天宁寺的主体建筑，为宋代遗留下来的木结构古建筑（图 5-18），其木构瓣形柱（亦称瓜楞柱，图 5-19）与宁波保国寺大殿互有异同，是我国目前仅存的两座宋代木构瓣形柱建筑。殿高近 40 米，面阔三

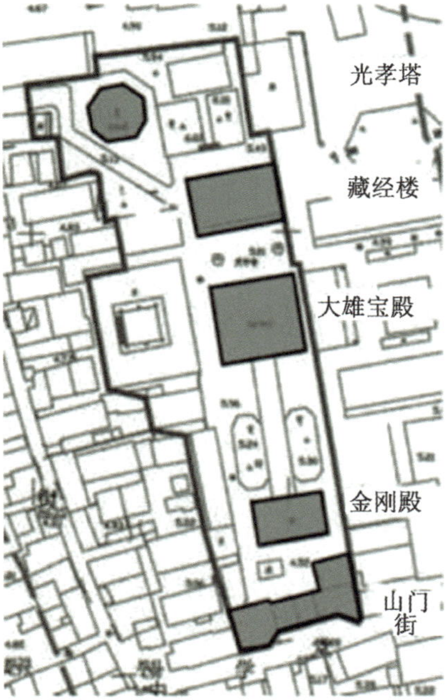

图 5-16　南通天宁寺平面图

图片来源：徐永战等《南通古城建筑初探》

图 5-17　光孝塔

图片来源：江苏省佛教协会《当代江苏佛教》

间，进深四间，均为 16.45 米。歇山式，明向六根内柱，系用“包镶法”制成的十二瓣棱“拼帮柱”，下有复盆式石柱础，上雕缠枝牡丹花纹。

图 5-18　大雄宝殿

图 5-19　大殿内宋代瓜楞柱

图片来源：江苏省佛教协会《当代江苏佛教》

寺后的光孝塔是南通著名的三塔之一，为濠河西北一景，塔高 30 米，为南通建造最早的，造型最挺秀、玲珑的塔。砖木混合结构，八角五层，飞檐翘角，每层有四门，上檐用角梁，腰檐向上反翘，绕以雕版木栏。塔基的八面各有两块雕有麒麟的基石，共 16 只麒麟，乃宋代艺人的作品，栩栩如生，古朴雅致。塔刹较高，承露盘上装有相轮七重，刹顶上安有光芒四射的宝珠，塔身颀长，呈现玲珑挺秀姿态。

泰州城隍庙[1] | 泰州凤城河

泰州城隍庙（图 5-20）是泰州现存规模最大的古建筑群，也是江苏省内保存最完好和规模最大的古城隍庙。2006 年被评为全国重点文物保护单位。

1　张葛珊 . 泰州道教 [M]. 北京：宗教文化出版社 . 2013.

图 5-20　城隍庙与护城河

图片来源：根据百度卫星地图绘制

泰州古称海陵，西汉置县，东晋设郡，南唐建州，被誉为“汉唐古郡，淮海名区”。古城先从海水里“长”出，继与淮水相生，再和江水相连，海水、淮水、江水成为泰州城市发生及发展的命脉，有煮盐之利，粮仓之殷，居水陆要津，水城一体。

泰州的水有上下河之分。西来的淮水、南来的江水在泰州相汇。江水与淮水流经泰州城南，水位较高，称为上河。而泰州的北部地势较低，河流水位较之上河为低，故被称下河。上下河之间，在城北用东西两坝隔开，形成两种高低有差的上下河水系相近而不相连，当中用土坝相隔的形态。泰州城内外之间有茫茫一水相隔。绕城一周的护城河水，有效地保卫了城市安全，是城市的生命之河。城里的河流纵横相交。城中有中市河南北向穿过，有东西向玉带河与中市河十字相交，此外东西各有一条绕城中市河，呈“田”字形布局，规整有序。俯视州城，绕外城一周的护城河与绕内城一周的市河，一里一外，一大一小，互为呼应，组成了“水城一体”“双水绕城”的城市形态。

在中国传统文化中，城隍是“守护城池、剪恶除凶、护国保邦并管领亡魂”之神。旧时，凡府、州、县所在地，都建有城隍庙，祀奉城隍神，祈求其护佑一方。在中国古代建筑文化中，城隍庙就是祭祀守护当坊城池神灵的庙宇。据《周礼》

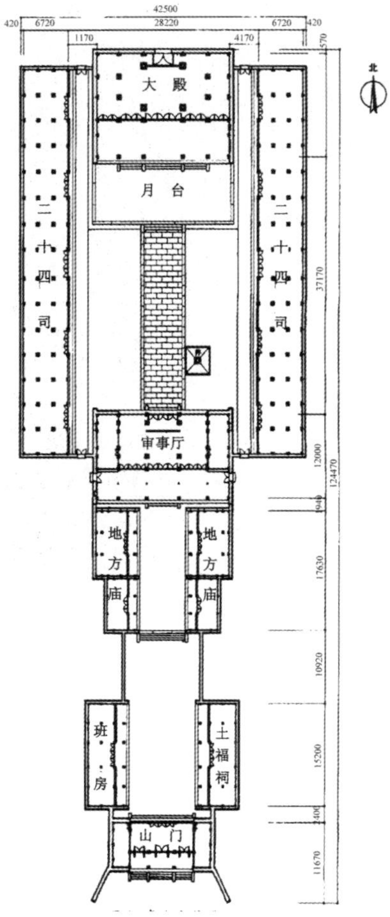

图 5-21 城隍庙总平面图

图片来源：潘叶祥《泰州城隍庙建筑修缮方案设计》

记载，城隍发轫于古代的水庸（沟渠神），居八蜡神的第七位。随着城市的发展，城隍又成为古代居民点四周修筑的防御设施，即围墙与壕沟。围墙名之为“城”，环城外的壕沟为“隍”。《说文解字》曰：“城，以盛名也”；“隍，城池也。”有水曰“池”，无水曰“隍”。

泰州城隍庙，又称邑庙，位于海陵区邑庙街 22 号，始建于唐末宋初，北宋元符二年（1099）泰州通判蔡纲对其重修，并撰写有《城隍庙记》碑文传世。明清几度重修，现存建筑建于明清。该庙坐北朝南，平面呈葫芦状。庙南北总长 124.36 米，北段东西宽 42.7 米，占地面积 5 300 多平方米，建筑面积 2 138.2 平方米，现存庙房七十二间。由南向北有山门五间（其构架为晚清）、三班六房、土地祠、福神祠二十二间（晚清建筑）、审事厅五间、大殿的东西两侧二十四司三十间、大殿前后共十间（图 5-21）。

从山门至大殿近百米，深邃而庄严，所有建筑均具明清风格，其中的主要建筑有山门、审事厅和大殿。现有山门殿 5 间及两侧八字墙，门对面为一字形大照壁，上刻“道法自然”；进山门，在石铺大道两侧有各班班房、福神祠、地方庙等，迎面是审事厅（图 5-22）。审事厅后天井两边为二十四司，审事厅、二十四司为明代建筑，用材巨大，气势非凡，其建筑风格及规模均与泰州的旧州衙署类似，每边十多间厢房式建筑相对而置；最后为大殿，为明末清初建筑，单檐歇山屋面，前加宽大卷棚，殿前有月台，颇为雄伟，东侧前墙上嵌清代书法家吴让之《重修城隍庙正殿记》石碑，书法清秀，刻工精美（图 5-23）。

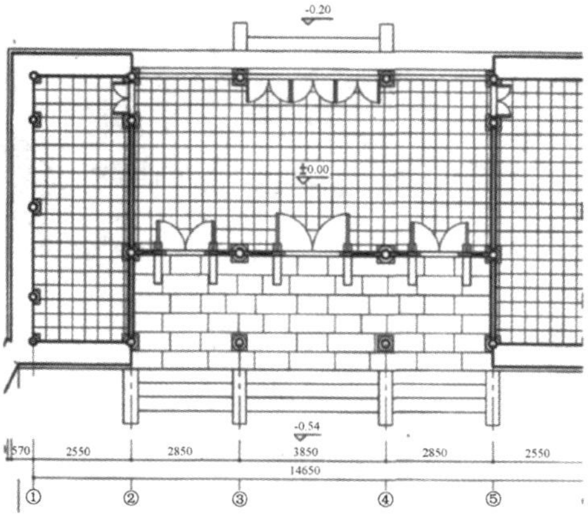

图 5-22　城隍庙审事厅平面、立面、剖面图

图片来源：潘叶祥《泰州城隍庙建筑修缮方案设计》

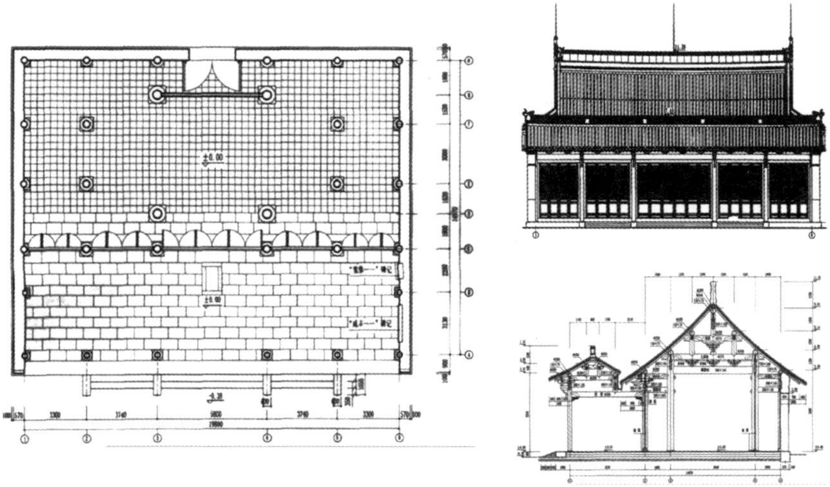

图 5-23　城隍庙大殿平面、立面、剖面图

图片来源：潘叶祥《泰州城隍庙建筑修缮方案设计》

“城东唐建古邑庙，隍炉香熏紫烟飘。佑护黎庶安居乐，福祉海陵看今朝。”为了妥善保护泰州城隍庙这一历史文化遗产，泰州市政府于 2004 年将之纳入泰州市环城河风景区规划。2005 年泰州城隍庙修缮，是历史上第六次，也是规模最大、最完善的一次修缮。修旧如旧、古中透新，保存原来建筑风格，恢复古庙建筑原貌。在修缮过程中，拆除了乱砌隔墙，屋面瓦旺全部下地，四周砖墙全部拆除重砌（除大殿外），修复了构架，整个构架在原基础上全部牮正，二十四司原构架损坏严重，经省文物专家鉴定后，按古建筑修缮的相关规范对东西两侧的二十四司建筑进行了落架大修，部分换新，使整个修复后的庙体，从外到里看上去砌工精细、典雅秀丽、气象壮观。

高邮净土寺塔[1]| 大运河明清故道高邮段

净土寺位于高邮城区东南郊、淮扬公路以西的蝶园历史风貌区内，塔体稳重挺拔，轻灵秀顺，屹立于运河边，2006 年被公布为江苏省文物保护单位。

城小（宋为高邮军治）湖大（多）是高邮城的基本特征，昔时高邮湖泊众多，“三十六湖水所潴，其间尤大为五湖”，蒋之奇的诗中五湖，就是樊梁湖、甓社湖、平阿湖、珠湖和新开湖（高邮湖）。高邮城的演变和发展，与湖泊、运河的变迁休戚相关。

净土寺塔这座古塔巍然屹立在高邮城的运河边上，在塔周百米内填土筑堤，形成了河中“岛屿”。岛屿中塔幢耸立，在水平式构图中以竖向的体量兀然挺立，煞是夺目（图 5-24）。

净土寺塔建于明万历三十四年（1606），为砖砌仿楼阁式，塔身七级，呈八角形，通高 47.46 米，塔基座由两层青石须弥座叠砌而成，一层束腰处刻有花果、卷草纹，手法简洁大气。底层南北两面设门，二层以上东、南、西、北四

1　朱同芳 . 江苏名塔 [M]. 南京：南京出版社，2013.
刘森林 . 大运河：环境 人居 历史 [M]. 上海：上海大学出版社，2015.
荣斌，徐世典 . 中国历史文化名城 [M]. 济南：山东友谊出版社，1996.
华德荣，仲玉龙 . 风流宛在：扬州文物保护单位图录 [M]，苏州：苏州大学出版社，2017.
江苏省旅游局 . 走读江苏：江苏经典景点导游词（下）[M]. 北京：中国旅游出版社，2011.
冬冰 . 在江河湖海之间：大运河扬州段文化遗产 [M]. 南京：东南大学出版社，2014.

面开门洞，另四面辟假门洞。门首均为拱券形制，檐下做斗拱，上托挑檐材，形成飞檐翘角之势，每层檐下均有砖枋，另三层檐下装饰有幕榜、垂莲柱等砖细装饰构件。五层楼顶中部设大枪，枪上承托高 19 米，直径 57 厘米的圆柱形楠木刹杆，直至塔顶部宝瓶内。塔顶为八角攒尖式，由不同规格的青砖叠砌而成，顶上设塔刹，塔刹整体高 8 米，由刹座、刹身、刹顶三部分组成。刹座为圆形须弥座，上承莲花纹饰，座上置七层铁铸相轮，相轮之上置白铜宝盖，宝盖由内向外朝着八个不同方向伸出栩栩如生的龙头来。再上的刹顶由宝珠、宝瓶组成。整个塔刹构造精致、美观，和塔体显得非常协调。塔室内部为四边形空筒式结构。

图 5-24　为水环绕的净土寺塔

图片来源：根据卫星地图绘制

为恢复古塔原有风貌，2005 年该塔大修。拆除修复了在抗日战争时期损坏的塔的东南角墙体，并修补塔身破损部分，清除了塔外杂树，同时在塔顶增设避雷装置，复原了塔内扶梯，复建了塔池。维修过程中排除遗留在塔体内的炮弹三枚，并发现建塔时的记事砖碑一方，更正了文献记载中塔的性质，即此塔属于文峰塔而非佛塔，据以可知，建塔时间较以往的认识提早了六年。

宿豫区龙王庙行宫[1]| 故黄河、中运河

黄河在宿迁境内多次决口，为祈求保佑、消除水患，清顺治年间在皂河镇建龙王庙，清康熙二十三年（1684）改建，雍正以后又有三次重修和扩建。因乾隆帝六下江南五次宿顿于此并建亭立碑，故称为“乾隆行宫”（图5-25）。2001 年 6 月被国务院公布为全国重点文物保护单位，2014 年随京杭大运河入选世界文化遗产名录。

图 5-25　龙王庙行宫总平面图

图片来源：根据卫星地图绘制

1　贾珺，黄晓，刘珊珊 . 江苏上海古建筑地图 [M]. 北京：清华大学出版社，2015.

朱珊 . 江苏百处名胜 [M]. 南京：江苏教育出版社，2012.

胡其伟，周晨，姜浩 . 阅读运河 [M]. 上海：上海交通大学出版社，2014.

宿豫区龙王庙行宫为三院九进封闭式清代官式建筑群，整体建筑布局对称，中轴线上建筑物主次清晰。自南向北分为六大部分。行宫坐北朝南，包括东、中、西三路，以中路为主体，左右对称，轴线分明，布局严整，规模宏大。入口朝东，位于西南角，向东穿过一道三券式牌楼进入中路庭院。庭院东西各有一座牌楼，分别题“河清”“海晏”（图 5-26），点明治水主旨。院南为“奏平成”戏楼，坐南朝北，供龙王看戏，1976 年拆除，后又重建。院北是三间歇山顶山门，悬乾隆御题“敕建安澜龙王庙”匾额，门前有一对清代石狮，室内供哼哈二将。

图 5-26 “晏海”牌楼

图片来源：中国民族建筑网

门北庭院正中为御碑亭，六角攒尖重檐顶，覆黄色琉璃瓦，下部有两圈 12 根木柱（图 5-27）。亭内碑高 5 米，正面刻圣旨全文，记叙建庙缘由和经过，背面刻乾隆五次巡视宿迁所写的诗文。御碑亭前东西分别为钟楼和鼓楼，皆为重檐歇山顶，钟楼内悬清嘉庆十八年（1813）马士魁所铸八角铁钟，重 2 000 余斤，鼓楼置直径 1.4 米的大鼓。

亭北为怡殿，供四大金刚，象征风调雨顺。殿内院北为行宫主体建筑龙王殿，面阔七间，重檐歇山顶，用黄蓝绿等六色琉璃瓦覆面，正中供奉东海龙王，左右分列八大水神。殿前的东西配殿分别供五湖神和四海神，伺拜龙王。乾隆五

图 5-27　御碑亭

图片来源：中国民族建筑网

次巡视，都是在龙王殿内议事敬神。殿北有门通向最后一进院落，院北为禹王殿，宽七间，两层重檐硬山顶，一层明间供南海观音，二层明间供大禹像，两侧是乾隆皇帝的书房和寝宫。殿前左右是东、西两宫娘娘的寝殿。院南入口两侧分别是东西虎殿和灵官殿，虎殿供文武官员侍驾，灵官殿又叫分宫厅，皇后妃嫔进入此院后，禁止官员入内。院内植有柏、柿、桐、椿、槐、杨 6 棵树，寓意“百世同春”“百世怀杨”。禹王殿西侧小院为御膳房，东、西两路曾有御花园，现在做了简单修复。

整个行宫与省级森林公园连成一线，傍湖连水，自然风光独特。它以别致的官式建筑风格和丰富的文化内涵，向人们展示其独特的魅力。每年这里有庙会，其中皂河镇三大香会的绕街巡游十分热闹，众人齐拜龙王，盛况了得，被列为苏北地区三十六处香火盛会之首。且从古至今从未中断过，这在中国民俗史上是一大奇观。

如今的皂河，随着一系列水利枢纽工程，如皂河束水坝、皂河节制闸、皂河船闸等的建设，呈现出新的面貌，如今不但根治了水害，还发展了航运。

泗阳天后宫[1] | 中运河

泗阳天后宫（图 5-28）位于泗阳县众兴镇西路，是市级文物保护单位，为清代闽商所建，其源自闽南沿海地区的信仰文化，用来祷祈海神，兼作会馆，亦称“天妃宫”“闽商会馆”，俗称“妈祖庙”。

图 5-28　泗阳天后宫与京杭大运河

图片来源：根据卫星地图绘制

1　宿迁市文化广电和旅游局 [EB/OL]. http://gdj.suqian.gov.cn/swhgd/wbjd/201801/999c2ad8e9cb41e09453fee55e863a9f.shtml.

政协泗阳县委员会文史资料研究委员会 . 泗阳文史资料・第 14 辑 爱我泗阳 [G]. 2002.

天后宫建于清代康熙年间，由当时来桃源县（今泗阳）经商的福建商人（闽商）所建，是闽商发展商务的聚会之所，也是闽商宗教信仰祈祭之庙堂。民国版《泗阳县志》将这一建筑记作“天后宫”，亦称“闽商会馆”，俗称“妈祖庙”。

天后宫整体建筑原前后两幢，临街面（骡马街）的叫前殿。前殿东壁砖雕“河清”，西壁砖雕“海晏”；“河清”“海晏”，乃预祝“天下太平”之意。前殿在20世纪70年代拆除新建。大殿（后殿）硬山造，檐高6米，通高8.3米，面阔5间20.6米，进深7檩，步架间距1.78米，4柱明梁。墙体、屋面，几经修葺，梁架、基础等其他部位保存完好，规模宏敞，殿宇辉煌，供有林默女像。

天后宫所供奉的神像，相传为宋代福建莆田湄洲林氏女，名默，她是掌管海上航运的海神，好善乐施，常只身抢救海难渔民，援助渔业，功德无量，是沿海地区人民心目中的保护神。闽人来泗经商，也就把这“海神”带了过来，意在求祈平安发财。天后宫，原名天妃宫，后因康熙皇帝驾临众兴镇，途经天妃宫，听了林默事迹，便封其为“天后”（图5-29）。

图5-29　天后宫林默女像

图片来源：宿迁市文化广电和旅游局

闽商的这种南来文化一直得到泗阳人民的认同。宋金以来，泗阳人民饱受水灾之苦，也把治水的愿望寄托于天后，每年神的生日（农历四月十四，也有为四月初八日）和朔望日，群众到天后宫进香、祈祷，已形成习俗。

2005 年 6 月，宿迁市人民政府将其列为市级文物保护单位。泗阳县广播电视文化局、泗阳县佛教协会，相继对其进行抢救性保护维修。该建筑见证了泗阳经济社会的历史发展，是宗教文化的特色遗留，具有保护价值与意义。

宿迁大王庙[1]| 中运河

大王庙（图 5-30）位于宿迁市宿城区城西南东关口。始建于明代，为运河上航行的船民祭祀水神（大王）的庙宇。1991 年 12 月被公布为宿迁市文物保护单位。

图 5-30　宿迁大王庙

图片来源：宿迁网

1　唐云俊 . 江苏文物古迹通览 [M]. 上海：上海古籍出版社，2000.

胡梦飞 . 明清时期宿迁地区的金龙四大王信仰 [J]. 湖北职业技术学院学报 ,2015,18(1): 72-75.

宿迁市人民政府史志工作办公室 . 宿迁掌故 [M]. 南京：江苏人民出版社，2016.

中国是一个河流密布、湖泊众多的国家，由于水和人们的生产生活息息相关，自古以来关于水神的信仰和崇拜就极为普遍，水神信仰更是在民间信仰中占据重要地位。明清时期，宿迁为黄运交汇之地，漕运繁忙，河工频繁，兼之地处南北交通要道，地理位置极为重要。黄河和运河的流经使得宿迁地区水神信仰极为盛行。在漕运和河工的刺激下，明清时期宿迁境内出现了包括金龙四大王、天妃、晏公在内的众多水神。在众多的水神中，又以黄河河神和潜运保护神金龙四大王最具有代表性。

明清时期宿迁境内先后建有五座金龙四大王的庙宇。民国《宿迁县志》载宿迁县金龙四大王庙："在城西南，明知县宋伯华建。康熙二十四年，总河靳辅改建于城西南堤上，有敕祭文。又大王庙一在中渡口，一在东关，一在小杨庄。"皂河龙王庙祭祀的主神也是金龙四大王。五座金龙四大王庙宇中，以城西南运河东岸的金龙四大王庙和皂河龙王庙最为有名。

宿迁城西南金龙四大王庙始建于明代隆庆年间。万历《宿迁县志》记载金龙四大王庙："在新治西南，隆庆辛未，兵备道冯敏功、知县宋伯华督工，耆民刘鏊等建，春秋二仲月致祭，住持陈惟忻。"康熙《宿迁县志》卷四《典礼志·祠庙》详细记载了金龙四大王庙修建的经过及其建筑布局："隆庆辛未，兵备冯敏恭、知县宋伯华建。万历辛卯灾，参政郭子章、知县聂鋐重建。万历丙申，知县何东凤重修。入本朝，圮于河，康熙二十四年，总河靳辅捐资委原任宿迁丁艰、知县胡天龙改建于城西南提上。大殿五间，勇南王张将军、九龙将军配祀，东廊房五间，西廊房五间，东西耳房各二间，戏楼三间，东西二门。御制看河阅工诗碑亭一座，门楼一座，红围墙一周，前木栅一周，木坊三座，影墙一座。"

连云港海清寺塔[1]| 大圣湖

海清寺塔（图 5-31），俗称大村塔，位于连云港市云台区花果山乡前云村大村水库东，是苏北地区现存最高和最古老的一座宝塔。该塔是为供养“释迦真身舍利”和“阿育王灵牙”而建，因此又称“阿育王塔”。阿育王塔自古就是云台山的一个主要景点，明代叫“古塔穿云”，清代叫“塔影团圆”。此塔原在寺庙山门前的中轴线上，与北魏及唐宋以后佛寺建筑的配置方式都不尽相同，是中国建筑史上佛寺演变过程中重要的一例。

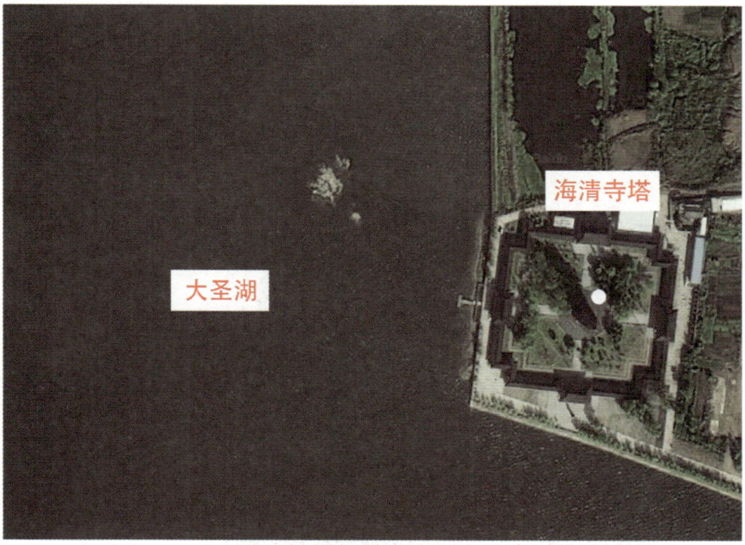

图 5-31　海清寺塔与大圣湖

图片来源：中国民族建筑网

1　唐云俊 . 江苏文物古迹通览 [M]. 上海：上海古籍出版社，2000.
贾珺，黄晓，刘珊珊 . 江苏上海古建筑地图 [M]. 北京：清华大学出版社，2015.
赵旭 . 连云港海清寺阿育王塔建造年代探析 [J]. 石窟寺研究，2019.
陈从周 . 中国园林鉴赏辞典 [M]. 上海：华东师范大学出版社，2001.

海清寺塔始建于北宋天圣元年（1023），天圣九年（1031）竣工，距今已有近千年的历史了。1972 年 9 月，上海同济大学陈从周教授来连云港考察，认为此塔和河北定县料敌塔时代相当，建筑形制相似，因此将其誉为“南北二巨构”。同年，同济大学、南京博物院勘察小组经过考察，对塔与寺的平面布置、塔的外形结构和内部做了详尽的报告，并提出了可行性的修复意见。从 1974 年 10 月开工到 1976 年 5 月竣工，历时一年半把塔修好，到了 2006 年，该塔被列为全国重点文物保护单位。

塔以砖砌，仿楼阁式，九层八面，高 40.58 米（图 5-32）。各层建叠涩式腰沿，断面呈凹线。从平面上看，塔身由外壁、内回廊、塔心柱组成。塔心柱内设梯级直通塔顶，回廊券顶由出跳斗栱承托。塔第一层较高，二层平座下斗栱用五铺作；第九层高度骤增，用四铺作斗栱承托。底层在四面辟拱门，以上各层亦四面开门，门位上下对直。第九层两面开门，形式与高度同以下各层不一，疑明代重修时改动。

图 5-32　海清寺塔

图片来源：中国民族建筑网

塔的外观稳实健拙，底层施上下叠涩腰檐，二至九层为平座叠涩腰檐，连接它的断面两侧挑出腰檐各点的弧线，俨然现今数学上很规则的抛物线。整个建筑结构严密合理，线条明快秀逸，风格雄浑古朴。

海清寺塔屹立在花果山脚下，大村水库之滨。该塔背依青山，面临千顷碧波，波光粼粼，塔身亭亭玉立，倒映在湖光山色中，景致颇具特色，它是山水风景园林中极好的一处古建筑景。被明顾乾列为云台三十六景之一的“古塔穿云”即是此处（图 5-33）。

图 5-33　湖光塔影

图片来源：中国民族建筑网

六、湖山佳处　山水名胜建筑

湖山佳处　山水名胜建筑[1]

孔子云：“智者乐水，仁者乐山。”自古至今人们普遍钟情山水。山水文化作为中国传统文化中重要的一部分，是人与自然环境交互作用的结果，是天人合一的产物。江苏有众多的名山胜水，不仅自然景观俊朗秀美，而且积聚着深厚的文化，闪耀着夺目的光彩。江苏山水文化，就是江苏山山水水中蕴含的文化内涵和引发的文化现象，是绚丽山川与辉煌文化的结晶。

江苏有 15% 的土地面积为低山丘陵和山岗，分布较广。主要有以云台山地、马陵山地、相山山地构成的北部低山丘陵，以宁镇山脉、茅山山脉、老山山脉和宜溧山地构成的西南低山丘陵以及长江、太湖周围的残丘山岗。南京钟山、清凉山“龙盘虎踞”；镇江三山（金山、焦山、北固山）北临长江，形势险要；无锡锡山、惠山并峙竞秀；扬州蜀冈等也都是江苏名山。

江苏水面积 1.74 万平方公里，约占全省面积的 17%，有大小河流 2900 余条。世界第三大河长江，横贯江苏，东流入海，水天一色，蔚为壮观。京杭大运河流经徐州、淮安、扬州、镇江、丹阳、常州、无锡、苏州等城市，把太湖、长江、淮河等水系串联起来，与沿线的山城水郭交相辉映，构成融江、河、湖、山和辽阔平原于一帧的壮丽画面。江苏有如波浩渺的太湖、气势恢宏的玄武湖、逶迤曲折的瘦西湖。

1　唐云俊 . 江苏文物古迹通览 [M]. 上海：上海古籍出版社，2000.
蒋维锬 . 妈祖文献资料 [M]. 福州：福建人民出版社，1990.
蒋维锬，刘福铸 . 妈祖文献史料汇编（匾联卷・对联）[M]. 北京：中国档案出版社，2009.
陈国强 . 妈祖信仰与祖庙 [M]. 福州：福建教育出版社，1990.
江燕 . 重视龙王庙等水文化遗迹的保护传承：以云南省为例 [J]. 四川水利，2019，40(5).
广少奎，高群 . 社会变迁背景下文庙褒奖功能论析 [J]. 宁波大学学报（教育科学版），2019，41(6)：9-14.

风景名胜是自然山水和历史人文有机融合的区域，是区域生态环境构成的重要部分，以自然山水和点缀其间的人文胜迹为审美对象。江苏境内的大多风景名胜充分依托当地的湖水山色，筑亭台亭阁，览山水之胜。具体有以下两个特点：

山水的结合以秀丽见长，构成平山远水的景观特色。

江苏地处长江下游，地势低平，水网密布，多为低山丘陵和江海湖泊，形成了秀丽的平山远水景观和精巧素雅的建筑风貌。例如，镇江三山风景区濒临长江，尽显大江风貌；玄武湖风景区的平山远水极尽秀丽俊逸的风韵；连云港的云台山傲立东海之滨，兼具雄浑气势。而点缀于自然山水间的名胜建筑，多因地就势布置，形体灵巧，工艺精致，色彩淡雅，堪称与平山远水相匹配。

人文气息浓郁，历史与地域文化深厚。

一方面，山不在高，有仙则名；水不在深，有龙则灵。江苏的自然风光没有崇山峻岭、深沟险壑，然而这里的山水带给你的却是平缓、愉悦。由于得天独厚的自然地理条件，从古至今这里都是鱼米之乡、富庶之地，因此一直受到历代帝王的喜爱和文人骚客的青睐。每一次的南巡也好，下江南也罢，不仅带动了能工巧匠在此大兴土木，修建亭台楼阁、雕梁画栋，而且帝王和文人多喜欢在此题诗作赋，留下了许多珍贵墨宝画作，使这里的人文气息相当浓厚。

另一方面，江苏的地域文化是吴头楚尾。苏锡常一带是吴文化的发源地，先民经几千年的艰苦开拓，将荒蛮之地建设成为锦绣江南。江苏省的风景名胜景区内吴文化遗存丰富，胜迹遍布，民风温良谦让，富有开拓创业的传统，成为今日社会发展的精神财富。北部的徐连地区有大量楚汉文化遗存，民风淳朴，构成了江苏文化的多元与丰富多彩的特点。

江苏省十分重视风景名胜资源的保护，尤其近十余年来，通过立法与强化管理体制，严格执行规划，加强资源保育与按程序进行项目管理，自然资源得到有效保护。如南京钟山与扬州蜀冈，通过退耕还林，改造林相，加快森林的自然演替进程，改善了景观风貌；无锡蠡湖和徐州云龙湖，通过退渔还湖，退渔还湿，恢复水系，改善了水质，建成了新景观。并且近年来与文物部门密切配合，通过环境整治，对大量人文景观进行保护性修缮与修复，使景观呈现出历史原貌，有利于文化的传承。目前全省共拥有 34 个风景名胜区，钟山、太湖、三山、蜀冈—瘦西湖和云台山 5 处国家级风景名胜区以及雨花台、夫子庙—秦淮风光带、云龙湖、南山、濠河、马陵山等 17 处省级风景名胜区，其中明孝陵、虎丘山和蜀冈—瘦西湖三处风景名胜资源被列入世界文化遗产名录。

玄武湖风景区[1]| 玄武湖

南京市玄武湖历史悠久，水面广阔，遍植荷花，景色怡人。其水面可分为北湖、东湖和西南湖三部分，五块景色各异的绿洲分散于湖水之间，以桥堤相连（图 6-1）。宋人欧阳修曾写道“金陵莫美于后湖”。玄武湖时越千年，历经沧桑，见证了金陵一地的兴衰起伏，亦是金陵文化的重要标志。

图 6-1　玄武湖总平面图

图片来源：根据卫星地图绘制

1　王鹤．金陵明珠：玄武湖 [M]. 南京：南京出版社，2018.

于静．南京历代名园 [M]. 南京：南京出版社，2017.

中国民族建筑网 [EB/OL]. http: //www. naic. org. cn/html/2017/ylzs_1123/33128. html.

玄武湖景区官网 [EB/OL]. http: //www. xuanwuhu. net.

一个城市的山水最能代表它的特有品性，对于古城南京而言，城东北的玄武湖宛如一颗璀璨明珠，最能代表这座城市的历史文化风貌和山水园林底蕴。玄武湖是我国现存最大的皇家湖泊园林，也是江南地区最大的城市文化景观公园。

南京玄武湖风景区位于江苏省南京市玄武区，是紫金山脚下的国家级风景区，江南最大的城内公园，被誉为“金陵明珠”（图 6-2），与杭州西湖、嘉兴南湖并称“江南三大名湖”。

图 6-2 玄武湖全景

图片来源：中国民族建筑网

玄武湖古称桑泊。原来只是一块因断层作用而形成的沼泽湿地，湖水来自钟山北麓。因为玄武湖位于燕雀湖和宫城之北，故又名“后湖”或“北湖”。秦始皇灭楚后改金陵为秣陵县，玄武湖更名为秣陵湖，因汉时秣陵都尉蒋子文葬地湖畔，孙吴时孙权为避祖父孙钟名讳，遂名“蒋陵湖”。孙权引水入宫苑后湖，玄武湖才初具湖泊的形态。刘宋元嘉初年，宋文帝对玄武湖进行了一次大规模的疏浚，挖出来的湖泥堆积在一起，成了露出水面的小岛。其中最大的为“蓬莱”“方丈”“瀛洲”三岛，合称“三神山”，或许这就是今天玄武湖中梁洲、环洲和樱洲的前身。元嘉二十五年（448），传说湖中两次出现“黑龙”，因为“玄”是黑色的意思，因而又改称玄武湖。

历史上的玄武湖还是训练和检阅水军的中心基地。刘宋孝武帝时曾两次在湖上大阅水军，故又有昆明湖、练湖之称，民间却称之为饮马塘。陈宣帝太建十年（578），阅军湖上，桅樯林立，旌旗蔽日，鼓角震天，雄兵十万，楼舰五百，雄伟壮观，清陈文述《咏大壮观》诗曰：“五百楼船十万兵，登高阅武阵云生。定知战艇横瓜步，应有军牙拥石城。湖上秋空丝竹支，江头潮涌鼓鼙声。”清朝康熙帝、乾隆帝均曾来此游历并留下诗词。两江总督曾国藩在梁洲重修湖神庙，并增建湖心亭、大仙楼、观音阁、赏荷厅。晚清名臣左宗棠还修筑了连通孤凄埂与梁洲的长堤，从而不再“必自太平门出，令舟而行”。清宣统元年(1909)，端方等开辟丰润门（今玄武门），筑新堤，扩大湖内绿地，徐绍桢又建陶公亭及湖山览胜楼。

玄武湖公园湖面辽阔，大致分为北湖、东湖和西南湖。湖中分布着各具特色的五块绿洲，湖内多鱼，广植荷花（图 6-3），五洲之间，桥堤相通。

图 6-3　玄武湖荷花

图片来源：中国民族建筑网

环洲因洲形屈曲、环抱樱洲而得名，素有“环洲烟柳”之称，童子拜观音石、郭璞亭，喇嘛庙、诺那塔及莲花广场坐落于此。环洲的童子拜观音石为珍贵的太湖奇石，相传系北宋花石纲散落在民间的遗物，因其形态极似童子拜观音而得名。

樱洲因昔日樱桃遍布洲上，曾为宫廷贡品而得名。樱洲花繁叶茂，形成“樱洲花海”的盛景。樱洲长廊南侧一字排开的友谊树，是德国、日本、美国、意大利、韩国等外国友好城市的代表团亲手栽植的，郁郁葱葱的树木，代表了中外友谊长青。

梁洲，因传说梁昭明太子曾在此建有“梁园”，故称梁洲。玄武湖中要数梁州的胜迹最多、景色最美，每年一度的玄武湖菊展均在这里举行，故有“梁洲秋菊”的美誉。湖神庙、览胜楼、友谊厅、明代黄册库遗址文化展馆等古迹新景汇集于此。览胜楼为清宣统元年（1909），由新军统制徐绍桢所建。当时是徐邀集文人雅士联吟结社之所，称为“湖山览胜楼”。该楼为二层四角攒尖顶建筑，重檐层叠，彩绘焕然。友谊厅建于 1941 年，初为“涵碧轩”。新中国成立后，用以接待中外嘉宾之用，曾接待过许多中外名人。“文革”中，该楼改称“友谊厅”。

菱洲，因这里多产菱角，故名菱洲，自古有“菱洲山岚”之美名。“二龙戏珠”系菱洲主景。

翠洲，因洲上修竹亭亭、雪松如盖、翠色浮空，故名翠洲。翠洲风光幽静，别具一格。长堤卧波，绿带缭绕，苍松、翠柏、嫩柳、淡竹，构成了“翠洲云树”的特色，是赏绿的好去处。

环湖的玄武晨曦、北湖艺坊、玄圃、玄武烟柳、武庙古闸、明城探幽、古阅武台等景点构成“玄武十景”，相映成趣。南京玄武湖的历史文化底蕴和建筑景观，成就了它“江南古典城市园林的重要代表”的地位。

鼋头渚[1]｜西太湖

太湖佳绝处，毕竟在鼋头。如果要说号称三万六千顷的锦绣太湖是镶嵌在江南大地上的一只晶莹剔透的玉盘，那被誉为“太湖佳绝处”的鼋头渚，就是点在这只玉盘上的一颗明珠。鼋头渚是横卧无锡太湖西北岸的一个半岛，因巨石突入湖中形状酷似神龟昂首而得名。

1　唐云俊 . 江苏文物古迹通览 [M]. 上海：上海古籍出版社，2000.

何勇 . 太湖佳绝鼋头渚 [J]. 中国地名，1998(6)：46.

赵艳 . 太湖之滨撷珍珠 [J]. 生命世界，2013(12)：40-43.

锡进轩 . 太湖佳绝在鼋头 [J]. 民主，2012(10)：44-46.

太湖佳绝在鼋头 [EB/OL]. http：//www. mj. org. cn/mzzz/2012/10/2013-01/04/content_45849. html.

太湖古称震泽、具区，又名笠泽、五湖，系长江和钱塘江泥沙堰塞古海湾形成的湖泊，其水源于茅山、天目山两脉，入湖后经望虞河、娄江、吴淞江、黄浦江流入海，湖面南北长 68 公里，东西宽 56 公里，横跨江、浙二省，有包孕吴越之称。湖中分布大小岛屿 48 个，连同沿湖峙立诸山，号为 72 峰，为我国著名的五大淡水湖之一，并以其景色秀美，胜迹荟萃、物产丰饶和周围名域环立之繁多，居于五湖之冠。兼具海之美的太湖，雄浑而俊秀，自古以来就是极负盛名的游览地，也是国务院首批公布的国家重点风景名胜区之一。

来无锡必游太湖，游太湖必至鼋头渚。太湖风光，融淡雅清秀与雄奇壮阔于一体，碧水辽阔，烟波浩渺，峰峦隐现，气象万千。鼋头渚，独占太湖风景最美一角，山清水秀，浑然天成，为太湖风景的精华所在，故有“太湖第一名胜”之称。太湖佳绝处，毕竟在鼋头。

鼋头渚是太湖梅梁湖东岸南犊山伸入湖中的一条山脉形成的石渚，酷似一只巨大的鼋头（图 6-4）。鼋头上大大小小的怪石，交错着躺卧在水中。这是眺望太湖的极佳之处，浩渺苍茫的碧波黛浪，极目处已分不出哪是青天，哪是湖水。由于它位于太湖东岸，一直被人们视为观赏太湖落日的最好所在。郭沫若以及著名的作家成仿吾、郁达夫等人都曾慕名在日落前赶到鼋头渚，陶醉于太阳落入湖水时的辉煌美景。郭沫若在 1924 年 3 月《漂流三部曲 · 炼狱》中有这样的描述：“太阳快要坠落了，湖上的七十二峰，时而深蓝，时而嫩紫，时而笼在模糊的白霭里，西天半壁的金光使湖水变成橙黄。”

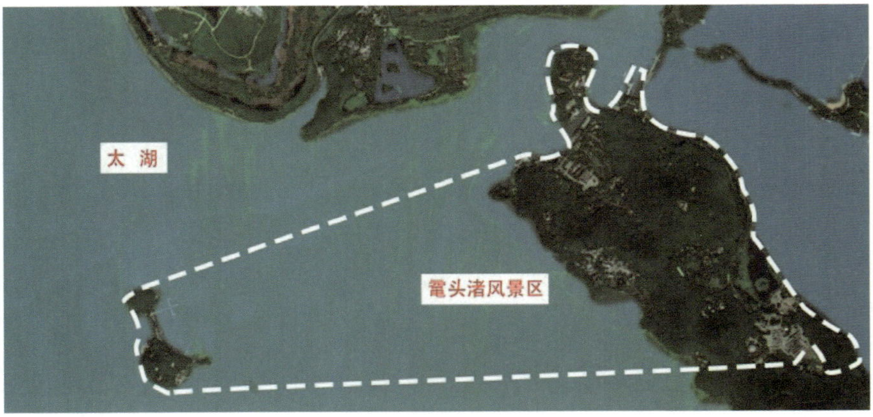

图 6-4　鼋头渚总平面图

图片来源：根据百度航拍图绘制

鼋头渚是纵观太湖山水组合的最佳处。一脉青峰，从充山逶迤而下，伸入太湖洪涛之中。那块被神化了的渚头巨石，三面湖水拥抱，冲波兀立，显示出一只栩栩如生的神鼋，昂首于碧水之中，雄姿英发。明华云吟有“瑶台倒映参差树，玉镜屏开远近山”之句。鼋头渚有一灯塔，临湖危立，鼋头渚刻石兀立于灯塔后，高 2 米余，正面刻“鼋头渚”三字（图 6-5）。这里，湖滩崖上，石壁列阵，怪石眠空；下侧湖水吞波吐涛，古人有“千金能买太湖石，难买断岸此千尺”的赞誉。

图 6-5　鼋头渚

图片来源：中国民族建筑网

鼋头位于一个小小的湖湾中，湾的东南岸是“绵亘数十丈许”，高数十米的峭壁，“水石激溅，山根尽出，嵯峨苍老”（明·王永积《锡山景物略》）。经现代地质学家勘定为一座“湖蚀平台”。西北有小箕、大箕、中犊、管社等群峰，连接锡惠山逶迤而来，构成如画风景的“湖西十八湾”。鼋头渚的东南是绵延十多公里，峰峦叠嶂宛若翠屏的山区。鼋头渚近处湖中有几座翠螺般的小岛，被称为“湖中三山”。

鼋头渚有着如此绝佳的自然风景，早就得到了人们的青睐。南北朝时即有僧人在鼋头渚附近充山修建了峭岩寺（又名广福庵）；明代王问在宝界山头造有“湖山草堂”，并隐居于此。以上寺庙、别墅园林早已消失在历史风云中，唯有王问于明嘉靖二十七年（1548）手写勒石的《湖山歌》碑尚存，现嵌竖于鼋头渚附近的憩亭亭壁。清末任无锡县令的著名书法家廖伦游鼋头渚，写下了形容峭壁的“横云”和太湖位置的“包孕吴越”几个大字，镌刻峭壁，雄遒峻拔，气势磅礴，既赞美了太湖的雄伟气势和孕育江浙两地的宽阔胸怀，又蕴涵了对鼋头渚风光尽纳吴越山水之美的高度评价。

近代，无锡发祥了民族工业，致富了的工商巨子先后在无锡秀水明山之间构筑园林。1917 年，无锡六大民族工业集团之一的杨氏第二代杨翰西在鼋头渚附近的南犊山麓构建横云山庄（图 6-6）。经过 20 年的经营，先后修成了奇秀阁、在山亭、松下清斋、花神庙、漪澜堂、飞云阁、霞绮亭、阆风亭、诵芬堂、藕花深处、长春桥、云逗楼等十数处亭台楼阁，占地面积 60 多亩。而后，无锡厘卡局局长王心如，工商业者陈仲言、郑明山、蔡缄三等先后在鼋头渚建造了园林别墅。

图 6-6　横云山庄牌坊

图片来源：中国民族建筑网

抗战期间，鼋头渚及附近景点称为“横云公园”。园依山面湖布局，以坊式门楼涵万轩，入门涉趣，内有小函谷、在山亭、松下清斋、润阿小筑、花神庙、诵芬堂、牡丹坞、净香水榭、涵虚亭、霞崎亭，闻风亭、澄澜堂、飞云阁、秋一涧、憩亭、戊辰亭等人文景点。

1949 年 4 月，无锡解放后，横云公园被作为遗产由人民政府接收。不久，王昆仑将太湖别墅（除方寸桃园）献给国家，建成鼋头渚公园。通过不断的建设，园区不断扩大，到 20 世纪 80 年代，32 公顷的鼋头渚公园扩大成了占地 301 公顷（游览区域 130 多公顷）的鼋头渚风景区。现在的面积已扩大到 500 公顷，成为江南最大的山水园林之一，被列为国家 4A 级旅游景点、江苏省文物保护单位。景区现有十里芳径、充山隐秀、鹿顶迎晖、湖山真意、江南兰苑、犊山晨雾、鼋渚春涛、万浪卷雪、广福禅寺、太湖仙岛十大景点。

鼋头渚独占太湖最美的一角，向南望，太湖有着青岛海滨的气概；向北望，太湖又有着杭州西湖的明媚风光。在这一片真山真水的自然景色中辅之以别具匠心的人工点缀，使之成为观赏太湖最为理想的游览胜地。鼋头渚风景区地广景多，先登临鹿顶山舒天阁，远眺四方，一洗胸襟，再上鼋头渚，或步行盘桓于花径，或赤足涉水于低滩，或乘船弄涛湖面，坐礁凝思，登楼品茗，领略太湖山水之美，最后乘船渡湖，一探太湖仙岛灵秀、神幻之妙。

北固山景区[1]| 长江

镇江山水甲于东南，气势之雄首推北固。北固山景区雄峙长江南岸，由前峰、中峰和后峰三部分组成，宛如一条昂首、翘尾、拱背的巨龙雄踞在长江之滨。山上多建亭台楼阁，古迹众多，素有“天下第一江山”美誉。

1　于海娣，黎娜 . 中国名胜 [M]. 北京：中国书店，2007.

贾珺，黄晓，刘珊珊 . 江苏上海古建筑地图 [M]. 北京：清华大学出版社，2015.

本书编写组 . 世界经典智慧故事：名胜典故（上）[M]. 北京：中国和平出版社，2004.

《镇江》编委会 . 镇江 [M]. 北京：当代中国出版社，2012.

严其林，乔长阜，陈启跃，等 . 镇江北固山景区三国文化内涵及旅游开发 [J]. 镇江高专学报，2002(2)：27-30.

镇江三山景区 [EB/OL]. http：//zjssjq. com.

熊兴邦，钟程发 . 镇江三山百景秀 [M]. 苏州：苏州大学出版社，2014.

黄国波，胡可东 . 中国名山旅游 [M]. 成都：成都地图出版社，1999.

镇江市位于江苏省西南部，地处长江三角洲的顶端，西邻南京，南接常州，东北临长江黄金水道段，襟山带江，自然风光雄伟壮丽。镇江有文字可考的历史有 3 000 多年。从东吴兴起时的“京城”（唐以后称“铁瓮城”）开始，这座古城就建在北固山的前峰，依托整个北固山山体，“因山为垒，缘江为境”，从远古走到今天。所以，人们把北固山看成如今镇江城市的“根”。

北固山景区位于镇江市东北江滨，其北临长江，山壁陡峭，长约 100 米，有前、中、后三峰，主峰海拔 58.5 米。前峰古称正峰，修筑了铁瓮城和孙权宫殿（宫殿后为大都督周瑜帅府），后毁，现为烈士陵园及“警世碑”所在地；中峰古称北固峰，南麓有鲁肃墓、太史慈墓，西麓有试剑石、凤凰池，其巅原有玄武殿（后毁）。峰腰还有一座建于民国的“中山纪念林”塔碑，由此经龙埂可达后峰。后峰即北峰，又名别岭，为北固山的主峰，背临长江，枕于水上，峭壁如削，为风景最佳之处。古老的甘露寺屹立于后峰之巅，突出整个北固山的雄伟，形成“寺冠山”的特色（图 6-7）。

图 6-7　北固山景区平面图

图片来源：镇江三山景区官网

北固山景区自然景观独特，形势天成，雄秀兼具，有所谓“莽莽南徐，苍苍北固”（清人蒋鹿谭词句）之誉。北固山可歌，一出刘备招亲的戏文让后人无不感怀追慕，积攒着浓厚的三国东吴文化。北固楼可书，这里诞生的辞章足以笑傲半个南宋；登山览胜，俯瞰大江东去，豪情顿生，“何处望神州，满眼风光北固楼”，自古就有“第一江山第一楼”（宋米芾语）的赞誉。唐代大诗人李白曾写诗赞曰：“丹阳北固是吴关，画出楼台云水间，千岩烽火连沧海，两岸旌旗绕碧山。”

凤凰池

凤凰池位于北固山西侧、甘露寺正南。在四柱三门的石牌坊处，一池碧水，一弯拱桥，映入眼帘，这就是凤凰池（图 6-8）。古时北固山是个半岛，三面为水，伸入江中，后来东西两侧逐渐成陆，并在西侧形成了池。池水经甘露港通江，春夏潮水满池，可泊船。后滩涨，甘露港湮没，池亦渐小，但尚可荡舟。池中有亭，名凤凰亭。这里景色幽美，池水清碧，风过池塘，波光粼粼。“山云欲到龙初起，池水空清凤未还。”清代北固山房住持如遇曾语：“清池但使灵源在，犹待丹山彩凤来。小构茅亭池上住，山窗日向镜中开。”

图 6-8　凤凰池

图片来源：熊兴邦等《镇江三山百景秀》

甘露寺

甘露寺于2013年被公布为全国重点文物保护单位，其位于临江的主峰之上，相传于三国东吴甘露元年（265）修建。甘露寺的建筑由东向西展开，主要有大殿、老君殿、江音阁、观音殿等。楼台耸峙，寺旁小园中有一座铁塔，铁塔凌空，更加突出山体的雄伟。现在北固山上的甘露寺是清朝光绪年间修建的，古朴典雅，雄踞山之冠，所以有“寺冠山”之说（图6-9）。

图6-9 古甘露禅寺

图片来源：熊兴邦等《镇江三山百景秀》

多景楼

多景楼位于后峰北侧，是长江中下游的名楼之一，取唐代李德裕“多景悬窗牖”的诗意而命名。多景楼分三层，层层都有名联。米芾在《多景楼》一诗中，称此楼为“天下江山第一楼”，是古代“万里长江三大名楼”之一，与洞庭湖畔的“岳阳楼”、武汉市的“黄鹤楼”齐名。清代进士季彦章有题多景楼对联一副，“天与雄区，欲游目骋怀，一层更上；地因多景，喜山光水色，四望皆通”，展示了北固山雄胜的气概和登高远眺的豪放之情（图6-10）。

北固楼

“京口画楼三百所”中，北固楼是最有代表性的名楼。它始建于东晋初期，因“三面临水，回岭斗绝，势最险固”得名（图6-11）。当年北固楼屹立山顶时，并非如现在这样雕梁画栋、富丽堂皇，而是接近于一座军事用途的城堡，被用

图 6-10　多景楼

图片来源：镇江三山景区官网

图 6-11　北固楼

图片来源：镇江三山景区官网

来作为江防的军事指挥中心。北固楼从初建到损毁的命运都与战事连在一起。北固楼历史上曾多次修建，从长江战事的指挥中心渐渐脱胎换骨，变成了一个著名的历史景点，充满了文化内涵，成为被帝王将相、文人雅士垂青的地方。

2010 年复建的北固楼是一座宋式仿古十字脊阁楼式建筑，除因抗震需要不得不在结构上采用了两根钢材外，其他部分均用实木打造，楼中的立柱和横梁都用数吨重的柚木制作，共耗木料达 600 多立方米。梁柱等大木制作均为榫卯结构，不用一根铁钉。

如今北固楼的建筑面积为 420 多平方米，高 19.9 米，屋顶交错重叠，翘角飞举，仿佛是展翅欲飞的鹤翼。在山下，远远地就可以看到它雄伟壮观的形体。北固楼分为三层，明二暗三，屋顶为十字脊。一层设有副阶，二层设有平座。此外，一层北侧设有向外延伸约 5 米的观景平台，可增加人们凌空的感受。登上二层，既可远眺滚滚长江和对岸的瓜洲，也可尽览分别以金、焦二山为代表和以润扬大桥、江海之门及高层建筑为代表的古典文化与现代文明交相辉映的镇江古城新风貌。三层则是北固山的最高点。

凌云亭

图 6-12　凌云亭

图片来源：熊兴邦等《镇江三山百景秀》

凌云亭位于北固山后峰东北角绝顶（图 6-12），又被称为天下第一亭、摩云亭、祭江亭、地固亭等。宋代大词人辛弃疾在镇守镇江时，曾在这里写下“想当年，金戈铁马，气吞万里如虎”的千古名句。此亭始建于明朝万历年间，现亭建于明末崇祯年间，气势雄壮秀美。

凌云亭系木质结构，在清道光三十年（1850）由戴善之换为石柱，前石柱刻联是杨棨集李杜诗句：

“客心洗流水，荡胸生层云。”后柱刻赵子舟联：“此身不觉出飞鸟，垂手还堪钓巨鳌。”凌云亭在北固山后峰最高处，登临远眺江山景色一览无余，使人确有“此身出飞鸟”“荡胸生层云”之感。

甘露古渡

甘露古渡，又名京口古渡，是北固山西脚下的一个古渡口，古时从这里可以渡江到对岸，也可以从长江进入江南运河的分支水道，再转入大运河的主流。河流经北水关入城，经绿水桥、千秋桥、第一楼街、梳儿巷、范公桥，出南水关。

由于渡口临近北固悬崖，来往泊舟的船只不少，形成了渡因山而兴、山因渡而活的局面（图 6-13）。甘露渡在历史上很有名气，它不仅是来往江上的通道，亦成为连接运河和长江的良港。

图 6-13　甘露古渡

图片来源：镇江三山景区官网

瘦西湖风景区[1]| 古邗沟

“两堤花柳全依水，一路楼台直到山”。瘦西湖风景区位于扬州市西北郊，以水为景观主线，与山体、植被、建筑等景观要素共同构成了互为因借、共成整体、沿湖线性排布的卷轴画式景观（图 6-14）。2013 年 12 月，被国家文物局列入“第七批全国重点文物保护单位”。

扬州城的历次变化，莫不与运河息息相关。建在蜀冈上的扬州古城，乃倚冈南之运河而生，且从不曾与运河割除关系。蜀冈下的扬州城，与运河间的关系更紧密，一般都以运河及其遗产——“市河”作为城中的生命线，自唐，历宋、元，迄于明、清，莫不如此；且其东、南的城垣往往傍河而筑。这就使得扬州城的发展不断偏向东南方，而西北遂不断湮废，其废弃或新建的护城河，于是就成了瘦西湖的湖体。瘦西湖的园林景观，也与运河有着千丝万缕的联系。首先，建筑园林亭台的材料，如木头、石料、盆景、奇花异草等，往往并非扬州本地所产，都要通过运河从别处运来。其次，建造园亭的花费，往往是官绅、盐商的私财，这种私财，很多都来自盐业收入，而食盐运销的方式，大多又与运河相关联。

瘦西湖是扬州城市水系的重要组成部分，其水源于城西诸山，水道从南至北依次沿用明清北城河、宋大城西城河及唐罗城西城河（莲花桥所跨一段为清乾隆二十二年开凿），经人工疏浚、凿通，成为一条连贯的细长又富曲折变化

1　韩锋．一座世界名城的文明多元化：扬州瘦西湖景观历史演进的文化解读 [M]. 南京：东南大学出版社，2013.
倪明．历史园林的保护与开发研究 [D]. 南京：南京林业大学，2011.
江苏省旅游局．走读江苏：江苏经典景点导游词（下）[M]. 北京：中国旅游出版社，2011.
冬冰．在江河湖海之间：大运河扬州段文化遗产 [M]. 南京：东南大学出版社，2014.
潘谷西．江南理景艺术 [M]. 南京：东南大学出版社，2001.
华德荣，仲玉龙．风流宛在：扬州文物保护单位图录 [M]. 苏州：苏州大学出版社，2017.
吴肇钊，陈艳，吴迪．瘦西湖园林群历史、艺术与营造 [M]. 北京：中国建筑工业出版社，2015.

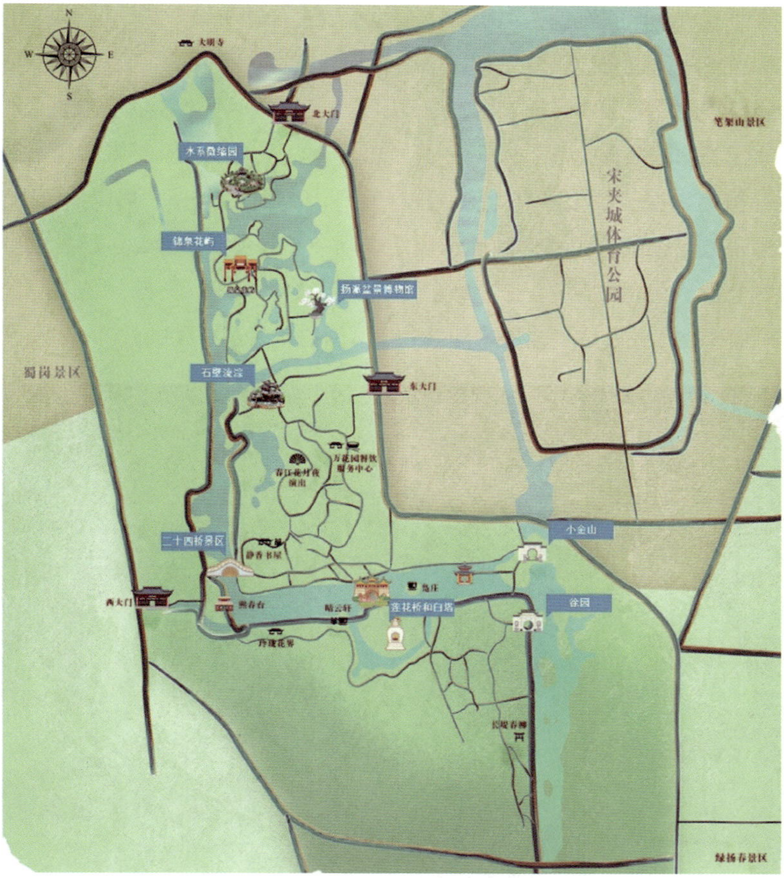

图 6-14　瘦西湖景区平面图

图片来源：瘦西湖旅游网

的线形水体。水体总长约 4.5 公里，宽度为 13 米至 116 米。

瘦西湖自然清新、古朴典雅，虽为人工，宛自天开。南秀北雄并蓄兼收，其集景式的湖上园林建筑群成为中国湖上园林的杰出代表。从南朝宋开始，人们就利用自然地形，在高低错落的山水之间，或于水中筑土为山，或于水中筑堤，或沿河构筑园林。经过若干年的积淀，湖面脱离了单调的水体景观风格，逐渐形成了更多的艺术节奏和张弛变化，特别是在乾隆下江南期间，盐商们密集地沿湖建造了一系列次第展开的景观元素，造就出中国传统“卷轴画”式园林体验。

瘦西湖风景区景观的营造暗合了“起承转合”的布局章法，运用中国画散点式构图技巧营建空间景观序列，人文景观与自然景观高度结合。该景观随河湖水面自然形成的三个转折，构成如下序列：起——御码头文化史迹至西园曲水为欲扬先抑的序幕空间；承——虹桥览胜至四桥烟雨为画卷崭露气势空间；转——梅岭春深至春台明月为瘦西湖景观高潮空间；合——蜀冈郊野山林景观为落幕散场空间。在整部高潮迭起的画卷中，分别以小金山、五亭桥、熙春台为中心形成最为精彩的三个景观节点，又以吹台（图 6-15）、白塔、凫庄、五亭桥单体建筑及水体构成的中部核心景区为整个景观序列的巅峰。

图 6-15　吹台

图片来源：陈从周《扬州园林》

虹桥

虹桥位于扬州城西北大虹桥路与柳湖路交界处，东西跨保障河，东南邻西园曲水，西南接冶春诗社，南与倚虹园遥相呼应，是一座东西跨 30 米、南北宽 7.6 米的三孔石拱桥。根据《平山堂图志》《扬州画舫录》等历史文献载述，虹桥原名“红桥”，始建于明崇祯年间，最初为木板桥。乾隆年间，盐商与盐务官员相继维修红桥，改其为石拱桥，称“虹桥”。

现存虹桥为 1973 年在原址所复建，以扬州城内的古花岗岩砌筑，并沿用了石拱桥的造型，较好地保留了与周边西园曲水、倚虹园、四桥烟雨等园林景观的对景关系，是瘦西湖卷轴画景观中一处重要的景观要素。

小金山

小金山位于瘦西湖中五亭桥以东、虹桥以北的水面转折处，是一组建于湖中山形小岛上的园林、寺庙建筑群（图 6-16）。全岛四周环水，水随山转，山因水活，以土堆筑，占地面积 8 000 平方米，土山高 12 米。现存主要建筑为光绪八年（1882）重点修复后的遗存，有关帝庙、湖上草堂、绿荫馆、观音殿、小南海、琴室、棋室、木樨书屋、月观、吹台、观自在亭等，另有沟通岛与南北两岸的小虹桥、玉板桥。

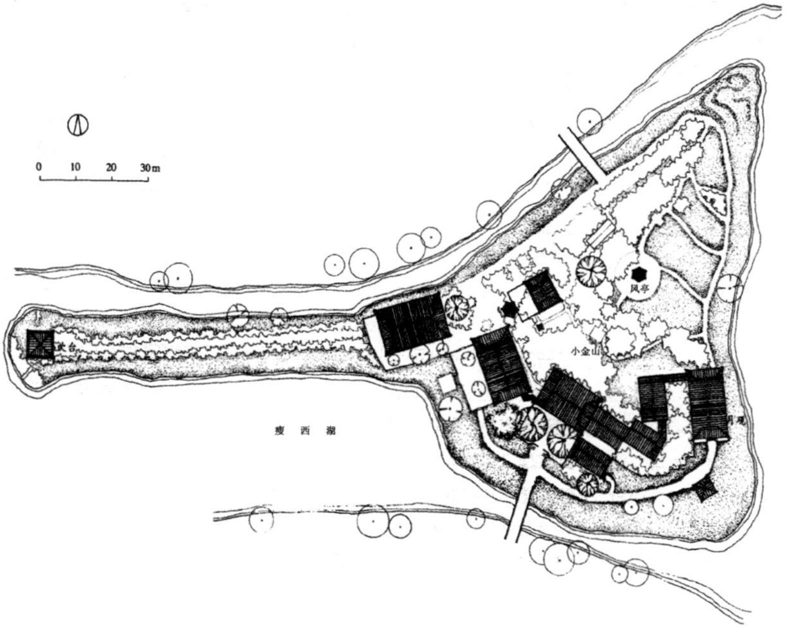

图 6-16　扬州瘦西湖小金山平面图

图片来源：潘谷西《江南理景艺术》

吹台又称钓鱼台，相传乾隆曾在此垂钓，故名。它位于绿荫馆西，伸向湖心长渚尽头。亭为四方，重檐斗角黄墙，面东装木刻镂空落地罩阁门，濒湖三面各开圆洞门。亭内悬沙孟海题“吹台”匾，外悬刘海粟题“钓鱼台”匾。面吹台偏北而立，西侧有圆门，景收五亭桥横卧莲塘，悠然戏水；看南侧洞门，映白塔高耸入云，直指青天，以门借景，昔有“三星拱照”之称。

五亭桥

五亭桥又名莲花桥，是一座拱形石桥，造型别致（图 6-17），于清乾隆二十二年（1757）巡盐御史高恒为迎接乾隆皇帝游赏而建。

图 6-17　五亭桥立面图

图片来源：冬冰《在江河湖海之间 大运河扬州段文化遗产》

该桥由桥墩及五座桥亭组成，桥墩以青石砌筑，南北长 58 米，东西最宽处 19 米。该桥受北海五龙亭影响很深。因它没有北海水阔，所以工匠别出蹊径，将亭、桥结合，形成亭桥，并将之分为五亭，群聚于一桥。由三种不同的券洞联系，桥孔共有十五个，中心桥孔最大，跨度为 7.13 米，呈大的半圆形，直贯东西。旁边十二桥孔被布置在桥础三面，可通南北，亦呈小的半圆形。桥阶洞则为扇形，可通东西。桥上置五亭，形成亭廊，中亭较高，瓦顶重檐，四角攒尖顶，翼角四亭对称，皆为单檐，亭挑四角，檐牙雕琢。亭上有宝顶，四角悬风铃；亭内有天花，图案绘制巧。油漆红柱，金黄瓦顶，彩绘雀替。

白塔

清乾隆四十九年（1784）两淮盐总江春集资仿北京北海白塔，就旧塔基建造。《扬州画舫录》点明，该塔是“仿京师万岁山塔式，而更显清瘦修长”（图 6-18）。

图 6-18　白塔

图片来源：自摄

白塔为砖石结构，外敷白垩，通体皆白，分塔基、塔身、塔刹三部分，总高约 28.7 米。塔基平面呈方形，高 4.5 米，边长 14.5 米。《扬州画舫录》记载白塔建于 53 级台阶上。1949 年后于塔基南侧另筑台阶。基上置方形砖雕须弥座，高 3.2 米，边长约 9.2 米，雕刻题材为十二生肖，显示了较高的砖雕工艺。塔身为圆形覆钵，高 10 米，最粗处直径 8 米。塔身中部面南开壶门。塔刹高约 11 米，13 层相轮上置六角形宝盖，各角悬风铃。宝盖以上置铜葫芦顶。塔身中空，供奉白衣大士。

二十四桥

“二十四桥”出自唐代著名诗人杜牧的诗句“青山隐隐水迢迢，秋尽江南草未凋。二十四桥明月夜，玉人何处教吹箫”。二十四桥由落帆栈道、单孔拱桥、九曲桥及吹箫亭组合而成，主景拱桥形如玉带，长 24 米，宽 2.4 米，桥上下两侧各有 24 个台阶，围以 24 根白玉栏柱（图 6-19）。

图 6-19　二十四桥全景

图片来源：华德荣等《风流宛在：扬州文物保护单位图录》

七、因水之利　水与其他公共建筑

因水之利　水与其他公共建筑 [1]

水是江苏最鲜明的符号。江苏境内河网纵横、湖泊众多，既有长江、淮河横贯东西，全国五大淡水湖占有其二（太湖、洪泽湖），又有人工开凿的京杭大运河沟通南北，还有近千公里的海岸线。江苏悠久的历史中，交织着治水人物、治水理念、治水制度的变化与变迁，这些物质和精神的凝结，形成了江苏独特的水文化遗产。

江苏境内整个区域以平原为主，河湖密布，控江滨海，气候温湿。优越的地理环境和气候条件使得江苏物产丰富，经济发达，人口众多，文化兴盛，自古以来便被视为“鱼米之乡”、经济政治重地。独特的环境因素为建筑文化的兴盛提供了绝佳的自然条件和社会因素。

江苏人民善于将丰富的水资源充分运用于航运、灌溉、防洪、排涝、工业生产等方方面面，而各式各样的建筑往往就成了实现这些功能作用的载体，在历史的长河中保存了下来。比如为了观测长江水位，为过往的船只提供防灾避险服务的潮水位站；为传递官府文书和军事情报的人或来往官员在途中提供食宿、换马的场所的古驿站；管理湖泊水利、河流漕运的政府官署；近代因水运交通，取用便捷而依江河发展近代工业仓储等滨水工业建筑；记录了近代民族解放战争和中国军事发展历程的红色纪念地；等等。这些公共建筑，从各自的角度向

1　水文化丛书编委会 . 江苏水文化丛书：水利瑰宝 [M]. 南京：河海大学出版社，2018.
孙宅巍，蒋顺兴，王卫星 . 江苏近代民族工业史 [M]. 南京：南京师范大学出版社，1999.
朱珊 . 江苏百处名胜 [M]. 南京：江苏教育出版社，2012.
郭正军 . 以江苏为例谈文化遗产保护与开发的地域性特点 [C]// 北京联合大学 . 文化遗产区域保护与活化学术研讨会暨首届中国文化遗产保护研究生论坛论文集 . 2013.
中国水运网 [EB/OL]. http: //www. zgsyb. com.

我们展示了江苏政治、文化、工业、商业的历史发展脉络，深刻体现了丰富多彩的地域文化特色。

水利建筑

江苏水利建设的悠久历史，可以追溯到中华民族有史以来最古老、最伟大的治水英雄鲧、禹父子。水利工程是水业文化的重要景观，同时也是河流漕运、民生安定的重要工程。近代以来，外国势力进入中国，为了满足商船的通航需求，需建立水位站来观测河流水位。如镇江潮水位站起到的正是这样的功能。

驿站建筑

古代的交通方式有陆路和水路两种方式。陆路一般是以马作为交通工具，水路则是乘船。古时的交通运输、办公出差、信息传递都离不开这两种交通方式。而驿站的出现，则为古代传递军事情报的官员途中提供了食宿、换马的场所。一些重要的交通枢纽上，往往会布置体量较大的驿站，相应的功能也更加完善。如高邮的盂城驿。

官署建筑

江苏地带河湖众多，水网密布，在给人民带来福泽的同时，也时常会因为水害而对人们的生产和生活造成很大的影响和破坏。水利工程作为国家层面上的基础设施，需要有相应的专门机构来负责管理运营修建。古代相关机构部门的建筑被留存了下来，有很好的纪念意义和研究意义。如总督漕运公署。

工业建筑

江苏的近代军事工业是洋务运动的产物。由于江苏在这场向西方学习“坚船利炮”“借法自强”的运动中起步较早，并占有重要的地位，所以成为当时军事工业的重心所在。这在客观上又开了江苏近代工业之先河。比较著名的有金陵兵工厂。甲午战争以后，民族工业的发展出现了一个高潮。这一时期，虽然其他轻、重工业都有所发展，但重点仍在纺织和面粉工业方面。如大生纱厂和茂新面粉厂。

南京明清城墙[1]| 秦淮河、玄武湖

对中国古代城市而言，“城池”是一个不可分割的整体，古都南京选址规划充分结合山川形胜的自然条件，明城墙与护城河唇齿相依，水乳交融，体现了人工与自然的和谐统一。1956 年 10 月，南京明城墙分多段列入江苏省文物保护单位；1988 年 1 月，南京明城墙全段被确认为全国重点文物保护单位。

南京明城墙东起钟山余脉，北临玄武湖，西抵石头城，南近聚宝山（今雨花台），蜿蜒曲折。周长“九十六里”，即约 35.267 公里，高度介于 14 米至 26 米之间。形状呈非方非圆的不规则的多角不等边粽子形。明城墙墙体剖面基本上呈等腰梯形，上窄下宽。顶宽在 2.6 米至 19.75 米之间，底宽在 14 米至 27 米之间。在防御方面，明城墙结构坚固稳定，外表巍峨壮观。用于修建南京城墙的条石，每块重约 500 公斤；城砖每块重 15 公斤至 20 公斤。

明城墙平面布局突破我国都城中规中矩的传统模式，从军事防御需要出发，依山傍水、因形随势而建；因地制宜，使城墙穿插在自然山水之间，蜿蜒起伏，令人称奇。与此同时，护城河是南京明城墙整体防御体系中密不可分的一部分，南京明城墙护城河的水源来自钟山。南京文物局与江苏省测绘局合作，对护城河进行了首次调查测绘。结果显示，南京城墙现存护城河全长 31159 米，最长一段有 5658 米；城墙与护城河间距最宽处为玄武湖，达 334 米；最窄处为琵琶湖，湖水直逼城墙根下。外秦淮河、金川河、青溪以及玄武湖、前湖和琵琶湖等宽窄不一的水面，与明城墙相依相伴，映衬出南京城墙的高大坚固，让来犯之敌望而生畏。

1　朱明娥 . 旷世城垣：南京明城墙 [M]. 南京：南京出版社，2018.

刘东华，刘斌 . 南京城墙护城河体系整体保护析论 [J]. 中国名城，2016(12)：75-79.

杨国庆 . 明南京城墙设计思想探微 [J]. 东南文化，1999(3)：66-71.

季士家 . 明清史事论集 [M]. 南京：南京出版社，1993.

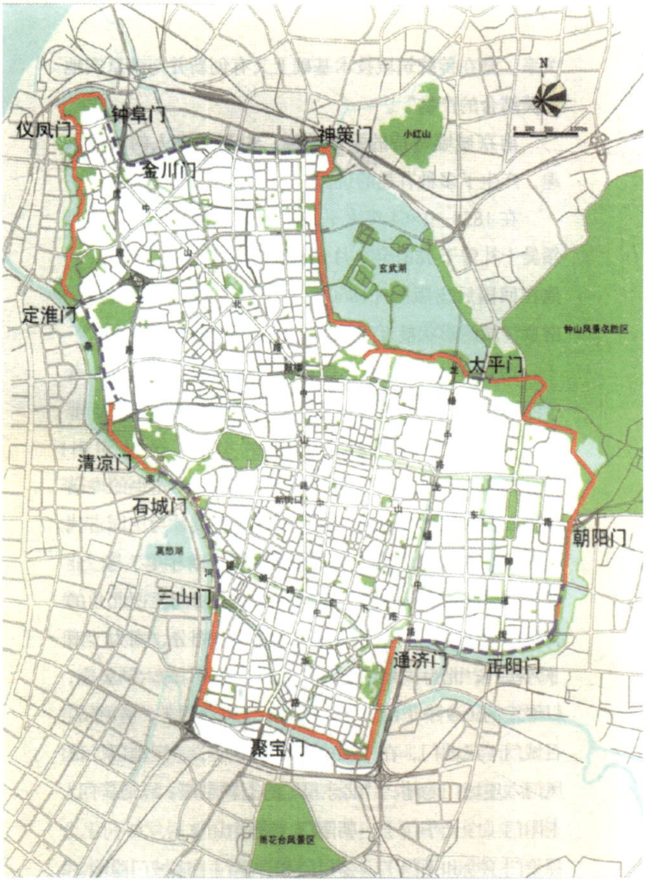

图 7-1　南京明城墙平面图

图片来源：朱明娥《旷世城垣：南京明城墙》

在防汛方面，南京地处多雨的江南，城墙防水、排水系统的合理配置，对于确保明城墙的坚固、实用和美观至关重要。南京明城墙的防水、排水系统可以分为墙体本身的防水排水系统和城区内外的防水排水系统两种。

墙体本身的防水排水有着精巧的工艺和技法：在顶部往往铺砌一层城砖，采用桐油、石灰、黄土拌合的灰浆弥缝；在墙体顶部靠近雉堞和女墙的内侧，各设置石质排水明沟一条，以汇集顶部雨水，再经过墙体上砌筑的长约 70 厘米的石质吐水槽排出墙体之外，流入周边的护城河或湖泊之中，从而确保城墙顶部无积水之虞。城区内外的防水排水的具体做法为：一般在城墙底部与河流湖泊交界处设置水关或涵闸。

中华门

中华门位于中华路的南端，地处南京城南交通咽喉，南临外秦淮河，北依内秦淮河，南北两侧以长干桥和镇淮桥贯通，是南京城的南大门。中华门为南京明城墙 13 座城门中保存最完好、规模最宏伟、设计最奇巧、结构最复杂的城门之一。城墙以条石为主要建筑材料，在接近城墙顶部雉蝶和女墙位置垒砌城砖，在城墙中间填以片石、碎砖、黄土并夯实，极其坚固。

中华门平面呈长方形，东西宽 118.5 米，南北长 128 米，占地面积 15 168 平方米，高 20.45 米，由三重瓮城、四道拱门构成。每道拱门皆为双重门，外面一道门是从城头上吊放下来的千斤闸，坚不可摧；里面一道门为铁皮包裹的双扇木门，牢不可破，具有明显的防御优势。

图 7-2　中华门鸟瞰

图片来源：朱明娥《旷世城垣：南京明城墙》

中华门上、下两层分布有 13 个藏军洞，加上东、西两侧登城步道（又称马道）下方的 14 个藏军洞，实际上共有 27 个，可藏兵 3 000 余人。首道拱门上层面北的中洞进深 45 米，宽 6.85 米，高 6.32 米，居各洞之首。

东水关

对于南京明城墙围合的城区内外而言，一般在城墙底部与河流湖泊交界处设置水关或涵闸。城南及南郊一带的秦淮河水在通济门外九龙桥注入明城濠而分成两支：一支为“内秦淮”，从东水关入城，由东向西横贯市区，出西水关，注入长江；另一支为“外秦淮”，即明都南京城南的护城河，它在城外自东向西流经水西门附近与“内秦淮”汇合，流向长江。

城墙墙体从下往上有三大构件：一是 11 孔涵闸，功能是将外秦淮河的水引入内秦淮河，中孔可通船；二是道桥，墙体内外各有一道平行于墙体的道桥（城外宽约 2 米、城内宽约 4 米），供人员通行；三是上下两层坐东向西的瓮洞（每层有 11 个瓮洞），功能是藏兵。这种精妙的设计，将通水、行船与防御相结合，是城墙水关建设的经典。

如今，经历了 600 多年风雨沧桑的南京城墙，其功能已经实现了由实用型

图 7-3　东水关

图片来源：自摄

向文物型，再向文化遗产型的转变；南京城墙在当代也得到了从法律层面到执行层面的立体保护。南京城墙的保护范围和控制地带也已经明确，并且写入了相关文件。目前，城墙内侧 15 米，以及外侧有护城河的地段，从护城河向外延伸 15 米，无护城河段保护范围仍为 15 米，都已被纳入明城墙风光带保护范围，得到妥善的管理和保护。

金陵制造局[1] | 秦淮河

金陵制造局由李鸿章于 1865 年建立于南京秦淮区中华门外，秦淮河畔。秦淮河既保证了工厂的物资调运，同时又为工业制造提供了必备的水源资源。

金陵制造局又称金陵机器制造局，位于南京中华门外秦淮河畔，与大报恩寺遗址公园毗邻，是全国重点文物保护单位（图 7-4 至图 7-6）。金陵机器制造局是中国民族工业先驱，南京第一座近代机械化工厂，也是中国四大兵工厂之一，素有“中国民族军事工业摇篮”之誉。

金陵机器制造局诞生于同治四年（1865）。1865 年 5 月，李鸿章代理两江总督，在南京今中华门外的废墟上兴建厂房，筹建金陵制造局。1884 年，金陵制造局仿制成功德国克鲁森式 37 毫米后膛炮和美式诺登飞多管排列机枪，至此，金陵制造局已发展成为既可生产劈山炮、生铁开花炮、前膛炮、山炮、十门

1　孙宅巍，蒋顺兴，王卫星．江苏近代民族工业史 [M]. 南京：南京师范大学出版社，1999.
王付荣，阎文斌．古里秦淮地名源 [M]. 南京：南京出版社，2010.
吴跃农．洋务运动及金陵制造局与南京近代工业化 [J]. 江苏地方志，2019(5).
高晓明，王彦辉．现代语境下金陵制造局“机器大厂”历史价值的传承和转译 [J]. 建筑与文化，2013(1):82-83.
南京市人民政府网 [EB/OL]. http: //www. nanjing. gov. cn/index. html.
南京晨报网 [N/OL]. http: //njcb. xhby. net.
中国国家地理网 [EB/OL]. http: //www. dili360. com.
中国江苏网 [EB/OL]. http: //www. jschina. com. cn.

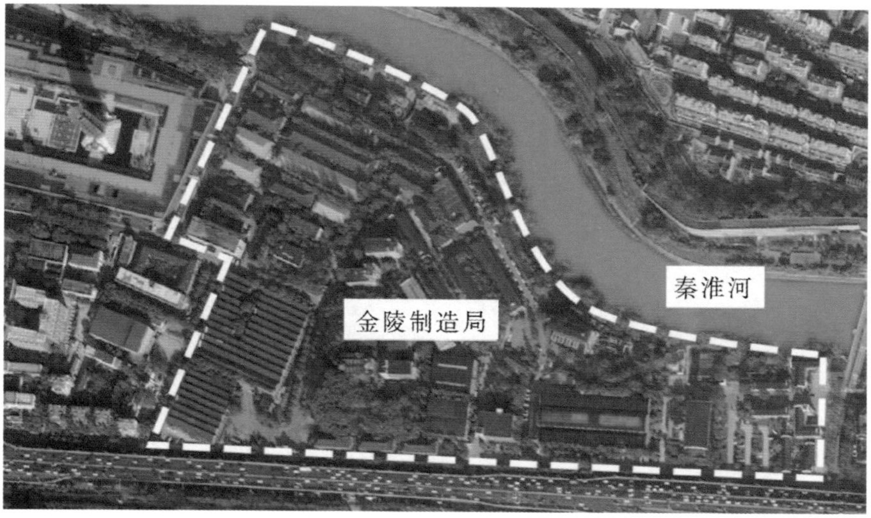

图 7-4　金陵制造局总平面

图片来源：根据卫星地图绘制

图 7-5　金陵制造局大门

图片来源：南京晨报网

图 7-6　金陵制造局老照片

图片来源：南京晨报网

连珠格林炮、四门神机连珠炮等后膛枪炮，又能配套生产炮弹和炮架的兵工厂。1888 年，金陵机器制造局为中国制造出第一门带车轮移动的架退克鲁森式膛炮，声名远扬。1921 年 4 月，金陵制造局开始生产马克西姆水冷式重机枪，1935 年成功制造出令日军闻风丧胆的二四式重机枪。

金陵制造局西迁重庆江北簸箕石以后，于 1938 年 3 月 1 日复工，并被改名为第 21 工厂。1939 年 1 月即恢复生产汉阳造步枪，到 4 月份开始生产捷克式轻机枪，到 1943 年 10 月正式生产中正式步枪。日本宣布无条件投降后，工厂重新迁回南京，改称为六〇兵工厂。1948 年底淮海战役期间，国民党眼看败局已定，于是将六〇兵工厂全部向台湾高雄搬迁。1949 年 4 月南京解放，解放军月底就接管了工厂。1952 年底，改名国营 307 厂，1980 年 3 月改称南京晨光机器厂。据历史统计资料，从 1938 年初到抗战胜利，21 兵工厂为前方抗日将士提供各种型号的机枪 27 900 余挺、迫击炮 7 760 门、步枪 293 300 余支，此外还有大批弹药及其他十几种轻武器，其产量占了全国总产量的一半。从这些数字可以看出，金陵制造局在抗战时期是中国工业的命脉，是军队抗战的坚强后盾，为前线将士提供了源源不断的杀敌武器，为抗战胜利提供了坚实有力的保障。

金陵制造局厂房遗址主要有 7 处：第一组为机器正厂、右厂、左厂，分别建于同治五年（1866）、十二年（1873）和光绪四年（1878），2 层，均被改建，建筑面积分别为 946 平方米、919 平方米和 457 平方米。第二组为光绪七年（1881）所建炎铜厂和卷铜厂，1层，建筑面积1174平方米。第三组为光绪十二年（1886）所建木厂和十三年（1887）所建机器大厂，2层，建筑面积分别为1018平方米、1535平方米。皆英国人设计，仿欧洲折中主义时期厂房建筑，外墙砖砌，人字形屋顶，三角桁架，圆拱形门窗，门额石刻记建造时间与厂名。

现金陵制造局内保存一批清朝和民国时期的建筑，早期的机器正厂、机器右厂和机器左厂虽已拆迁，但建厂标牌仍保存在拆迁后的厂房门额上，这些标牌上分别注明同治五年（1866）建机器正厂、同治十二年（1873）建机器右厂、光绪四年（1878）建机器左厂。现存原建筑有：光绪七年建的炎铜厂、卷铜厂，光绪九年和光绪十一年五月建的熔铜房，光绪十二年建的木厂大楼和机器大厂等。每厂建筑少则一间，多则十余间。这些厂房具有西洋风格，人字形屋顶，三角析架，门窗上部为拱形青砖清水墙，坚固宽敞。除清朝时期遗留下的厂房建筑外，还有民国时期的厂房及办公用房三十多座（间），至今仍在使用着。这批活的历史文物，使金陵机器制造局成为名副其实的近代中国工业建筑的“陈列馆”（图7-7）。

图7-7　金陵制造局鸟瞰

图片来源：中国国家地理网

现如今金陵机器制造局历史文化街区是第一批江苏省历史文化街区，规划区域位于南京中华门外，金陵大报恩寺遗址旁，隔秦淮河与明城墙相望。金陵机器制造局历史文化街区是中国现存的近现代工业遗存中最具历史代表性、空间格局最清晰、传统风貌最完整、历史遗存最丰富的地区之一，也是中国近现代工业化的缩影，更是中国近现代工业厂区的典型和杰出的代表，具有代表性、真实性和完整性，有显著的历史价值、文化价值、景观价值和旅游价值。

太湖水利同知署[1] | 同里水乡

太湖水利同知署管辖水利事务，隶属苏州府的“专司（太湖）水利”官衙。面河朝南，坐落在三桥风景区太平桥北堍东侧，建筑面积 2 428 平方米，是目前太湖流域唯一保存较好的古代水利衙门（图 7-8）。

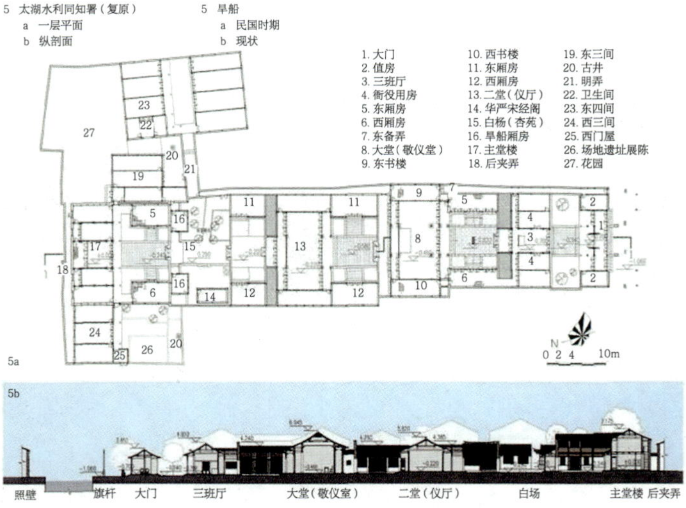

图 7-8 太湖水利同知署总平面与剖面图

图片来源：郭华瑜等《回归本真：苏州同里太湖水利同知署修缮保护之原真性思考》

---

1 郭华瑜，孙璨．拢形寻质，回归本真：苏州同里太湖水利同知署修缮保护之原真性思考 [J]. 新建筑，2017(2): 129-134.

刘延华，徐森．太湖水利同知署考略 [J]. 东南文化，2013(4):96-101.

太湖流域历来是国家重要的税赋之地，历朝历代对太湖流域的治理都极为重视。吴江位于太湖之东，东门外长桥（垂虹桥）即是太湖东出口处。《太湖备考》记载：太湖灾害惟水震躬，自汉惠帝五年（前190）讫清雍正二年（1724），水（旱）巨灾统计记录达66次。每逢“太湖水灾，吴江最当其冲”，而“水利不治，农田之忧”。为此，雍正八年（1730），朝廷特设太湖水利同知署，是隶属苏州府的“专司（太湖）水利”官衙，驻吴江县（今吴江市）同里镇，管辖范围为江浙沿湖十县的水利事务。雍正十三年（1735），太湖水利同知署改为抚民厅，移驻吴县洞庭东山，割吴县东山设太湖厅。太湖水利同知署在同里镇存在时间共6年左右。

位于同里的太湖水利同知署，老百姓习惯称其为“同知衙门”，为太湖水利同知署旧址，面河朝南，坐落在三桥风景区太平桥北堍东侧，建筑面积2428平方米，是目前太湖流域唯一保存较好的古代水利衙门。

据史料记载，同知衙门所用房屋始建于康熙三十九年（1700），占地17亩8分，房屋7进，大门宽7间，内里宽17开间，东西备弄，后为花园，房屋共91间。主人陈沂震（字起雷，号狷亭）是康熙年间的进士。雍正初年（1723），陈家卷入政事被抄家。雍正八年（1730）同里设太湖水利同知署，看中陈家旧宅，便改建成同知衙门。同知衙门迁至东山后，旧署遂改为民居。乾隆元年（1736），同里诸生王铨以3 000两纹银购得此宅用于居住，取堂名为“敬仪堂”。咸丰十年（1860）五月廿八，同里陷于太平军，此宅被太平军忠王李秀成之弟李明成部驻扎。同治元年（1862）六月太平军溃退后，王家搬回入住。

太湖同知署建筑群是不可复制的文化遗产资源，作为地处古镇核心区“三桥”附近，始建于清早期的进士宅第，它是同里古镇传统建筑中规模大、存数少的重要实例。其建筑布局、结构体系、装饰特色、地方做法等，体现了同里传统建筑发展的典型手法（图7-9和图7-10）。同时，太湖同知署旧址作为承载太湖水利疏浚史与同知衙署类建筑之双重历史信息的特殊载体，对研究太湖水利发展历史、机构设置以及水利衙署建筑类型特点等具有重要的实证价值，对国内衙署规制、太湖水利历史研究具有较大的实证参考价值，同时，对同里旅游文化资源的扩展与提升也具有重要意义。

图 7-9　太湖水利同知署

图片来源：郭华瑜等《回归本真：苏州同里太湖水利同知署修缮保护之原真性思考》

图 7-10　太湖水利同知署

图片来源：郭华瑜等《回归本真：苏州同里太湖水利同知署修缮保护之原真性思考》

无锡茂新面粉厂[1]| 无锡古运河、梁溪河

无锡是近代中国民族工商业的重要发祥地和现代乡镇企业的主要诞生地，工业遗产繁多，而无锡的工业遗产保护工作也走在了全国前列。2006年6月2号，中国国家文物局正式颁布了中国工业遗产保护具有宪章性的首部文件——《无锡建议》，拉开了中国工业遗产保护的序幕，也标志着中国保护工业遗产的步伐从无锡迈开。

江苏省无锡市在我国近代工业发展史上占有独特的地位。其最重要的特征就是产业的纯粹性——作为工商殷埠，却是清一色的民族资本。她凭借得天独厚的地理条件和高度发达的水道交通，孕育了中国近代工商业史上众多杰出的民族实业家，因此也被誉为“中国近代工业的发祥地”“中国民族资本的摇篮”等。更难能可贵的是，她在经历了多次岁月磨砺乃至战争洗劫后，今天依然保存着大批完好的、原先由民族实业家所经营的工业设施以及相关建筑，为我国近代工商业的发展史贡献了色彩斑斓的瑰宝。同时这些工业遗存也成为锡城的厚实家底和形象代表。

在无锡市古运河和梁溪河的交汇处，有一个昔日荣家的发祥地茂新面粉厂（图 7-11）。依靠便捷廉价的水运交通，可以运进大量的小麦，运出制成的面粉，如今沿河还保留着传输物资的履带。作为无锡第一家机器面粉厂，它与“中国民族资本家第一户”荣氏家族有着莫大的关联。荣家在中国近代工业史上颇有影响，是中国民族工业的杰出代表。运河、码头、船只、厂房、烟囱……高耸的烟囱代表了那个年代一个家族商海高扬的猎猎旗帜，也标志着那一时期一个国

1　唐云俊 . 江苏文物古迹通览 [M]. 上海：上海古籍出版社，2000.
金戈 . 从茂新面粉厂到民族工商业博物馆 [J]. 江苏地方志，2013(4)：62-67.
蔡晶 . 无锡民族工商业的兴起与无锡产业建筑 [J]. 建筑与文化，2009(7)：106-109.
范文粱，钮苏萍 . 无锡旧影（下）[J]. 中国名城，2010(11)：70-72.
茂新面粉厂旧址成我市首个国家工业遗产 [N/OL].[2018-12-28]. http：//epaper. wxrb. com/paper/wxrb/html/2018-12/28/content_733523. html.

图 7-11　茂新面粉厂总平面图

图片来源：根据百度航拍图绘制

家民族经济的昂扬生命。

茂新第一面粉厂麦仓制粉车间和办公室位于无锡市城外振新路 415 号。1901 年由我国近代著名实业家荣宗敬、荣德生集资创建。原名保兴面粉厂，后改茂为新面粉厂。1916 年更名为茂新第一面粉厂，1937 年遭日机轰炸并烧毁，1946 年重建厂房。1948 年底复名为茂新面粉厂。现保存有 1948 年建成的麦仓、制粉车间、粉库以及荣毅仁先生工作过的办公楼，仍能够完整展示面粉制作的工艺流程。茂新面粉厂现为全国重点文物保护单位（图 7-12 和图 7-13）。

图 7-12　茂新面粉厂内庭院

图片来源：中国江苏网

图 7-13　茂新面粉厂沿河旧象

图片来源：唐云俊《江苏文物古迹通览》

以荣毅仁为代表的中国民族资本家族，靠实业兴国、护国、荣国，在中国乃至世界写下了一段辉煌的历史。中国人民大学经济学院教授高德步评价说："从近代开始，荣家三代对中国经济的发展做出了巨大贡献。"

现如今如果把这些机器打开，还都能正常运转和生产。茂新面粉厂旧址保存之完整，时代特征之鲜明，在全国也十分罕见。这也是它能成功入选第二批国家工业遗产的主要优势所在。

茂新面粉厂是无锡重要的工业遗产，也是近代无锡、百年工商的标志之一。这一独特而厚重、不可复制的工业遗产，是无锡一张特殊的文化名片。运河近现代工业遗产，作为大运河文化遗存不可或缺的组成部分，与农业时代的运河文化遗产同样重要。茂新面粉厂旧址目前已转型为中国民族工商业博物馆，于 2006 年 12 月 30 日正式向社会免费开放，至今已经接待游客 80 余万人次。

镇江潮水位站[1]| 长江

图 7-14　镇江潮位站

图片来源：水文化丛书编委会《水利瑰宝》

江苏省镇江潮水位站（图 7-14）又名北固山潮位站，位于北固山北麓，观音洞前的江水里，现为镇江市级文物保护单位。

航运业和铁路运输业的发展成为镇江近代产业发展最初的推动力。镇江处于长江与大运河的交汇处，拥有优越的地理位置和便利的水道交通，自古就是长江下游的商业重镇。镇江开埠后，外国航业进入镇江港，西方列强一方面进行资本输出和原料掠夺，另一方面刺激了近代镇江民族轮船运输业的出现和民族资本主义的发展，对镇江近代航运和港口的建设起到了促进作用。1873 年成立的招商局镇江分局，成为镇江最早的本国轮船运输企业，也是镇江近代航运业的先声。1908 年沪宁铁路及江边支线的建设，使镇江成为长江下游唯一可以铁路水运直接换装的港口，这种新的陆路运输方式大大方便和刺激了镇江当地的发展。也正因为镇江拥有江河联运的优势，其近代民族工商业相当发达。

1　王玉国，刘昆，徐铁城 . 镇江文物 [M]. 苏州：苏州大学出版社，2007.

刘佳，过伟敏 . 镇江近代产业建筑特征及其保护研究 [J]. 湖北民族学院学报（哲学社会科学版），2014(1)：31-35.

过伟敏，刘佳 . 江苏城市传统建筑研究系列丛书：镇江近代建筑 [M]. 南京：东南大学出版社，2015.

水文化丛书编委会 . 江苏水文化丛书：水利瑰宝 [M]. 南京：河海大学出版社，2018.

清光绪三十年（1904）由镇江海关测候所设立，用于观测长江水位。民国二十五年（1936），由扬子江水利委员会建造岛式自记水位计台于江中离岸15米，有栈桥相通。水位池台是方形盒体，由四柱框架承载，为钢筋混凝土框架式建筑。自记台为5.5米×4.6米，高3.3米，引桥长16米，宽1.2米，高3.3米，安装了德国OTT厂生产的周记式水位计。20世纪60年代开始使用上海气象仪厂生产的HJC-1型日记式水位计，90年代安装遥测装置，可以全天候自动记录潮水位变化。

镇江潮水位站观测长江潮水位的变化，是江苏省最早的潮水观测站之一，保存着近百年来完整的水文记录，是见证长江水位历史演变的水利建筑。随着长江出海口的东移，北固山下大江一泻千里的宏伟壮观一去不复返，随着长江镇扬河段河势的演变，镇江潮水位站已异地重建，而这座建于民国期间的镇江潮水位站，完成了它的使命，成为见证长江镇扬河段历史的重要水利建筑。

南通博物苑[1]| 濠河

南通博物苑在南通城东南濠河之滨，由清末状元张謇创建于1905年，是中国人自办的第一所博物馆。该馆占地40多亩，假山、河池、茅亭、水榭点缀其间，为全国重点文物保护单位（图7-15）。

南通市地处江苏省东南部，长江下游北岸，系长江三角洲的组成部分。它

1　梁炳泉．南通市交通史[M]．上海：上海人民出版社，1999.
凌振荣．论南通博物苑建筑[J]．中国博物馆，2006(1)：62-68.
中华人民共和国国家旅游局．中国旅游景区景点大辞典[M]．北京：中国旅游出版社，2007.
沈钢，江幼玲．中国近代第一所博物馆南通博物苑[J]．民主，2009(5)：39-41.
何玉如，王春梅．南通博物苑新馆[J]．建筑创作，2004(2)：38-45.
王栋云．南通博物苑的百年历程[J]．南通大学学报（哲学社会科学版），2005(4)：5-7.
王倚海．南通博物苑百年苑庆纪念文集[M]．北京：文物出版社，2005.
南通博物苑官网[EB/OL]．http://www.ntmuseum.com.

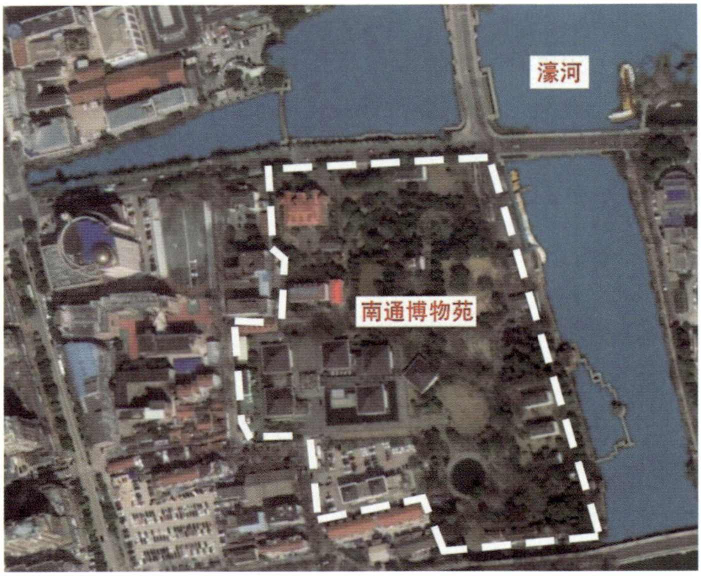

图 7-15　南通博物苑与濠河

图片来源：南通博物苑官网

东濒黄海，南临长江。南通系长江下游北岸的冲积平原，为江、海合力营造而成，素有苏北咽喉之称。市内濠河环抱，水面开阔，水城相映。

南通博物苑在中国博物馆发展史上具有独特的地位，其办学宗旨是“设为庠序学校以教，多识鸟兽草木之名”，将中国古代苑与现代博物馆相结合，是中国人自己创办的第一座公共博物馆，被誉为“中国第一博物馆”，亦有“华夏第一馆”之称，开创了中国博物馆事业发展的先河。作为全国重点文物保护单位，先是列入了张謇故居濠南别业，后又将啬园的张謇墓地并入。进入 21 世纪，南通以构建环濠河文博馆群为龙头，着力塑造“博物馆城”的城市文化新形象和城市个性特色。目前，环濠河文博馆群基本建成，博物馆城也已具雏形。

博物苑位于南通城南濠河之畔，建成之初占地 2.3 万平方米。博物苑建筑主要沿中轴线和三边布置。这条建筑中轴线，由北馆、中馆和南馆组成，是博物苑文物标本的主要陈列馆（图 7-16）。另一个重要组成部分为具有植物展示功能的室外配套场地，苑中广植花草树木，养殖珍禽鸟兽，与室内展品呼应，另有各种园林设施点缀其间。

图 7-16　南通博物苑平面图

图片来源：南通博物苑官网

南馆原称“博物楼”，建于 1906 年，是一座西洋式的 2 层楼房，为苑内早期建筑之一，也是我国最早的博物馆展览厅，始称“测候所”。原为 3 间中式平房，屋顶中央设露天平台，放置气象仪器，是南通最早的以现代科学方法观测气象的建筑设施，现已成为该苑的标志性建筑。北馆建于 1911 年，位于博物苑最北部，濒临濠河，外墙紧靠濠南路，是一座中西合璧的 2 层楼房，当年楼下陈列化石、鲸骨架，楼上陈列名人字画、金石拓本。

博物苑内的濠南别业是中国建筑史上的杰作，原为张謇在南通的第一所私人住宅，建于 1915 年，由近代著名建筑师孙支厦设计，主体楼为砖木结构，英式造型，红色基调，坐北朝南，仿北京的畅观楼设计。建筑师别出心裁，抬高基础，增加楼底半层为储藏室，使两层走廊凸现出来。这座建筑被视为中国近代吸收西洋建筑艺术的典型（图 7-17）。

中馆是苑内最早的建筑物，上面曾有一个露天的测候台，所以中馆曾名为“测候所”。从 1909 年 1 月起，该所正式从事观测气候，并按日记载气候观测结果，还在报纸上披露，这可能是中国最早具有现代意义的公共天气预报。以后测气象设备转移他处，苑内停止了测候工作。中馆馆内主要陈列动物标本。

图 7-17　濠南别业

图片来源：南通博物苑官网

馆外陈列是另一番景象。各种植物按类栽植，以药材居多，专设有“药圃”；其次是花卉，竹也不少，每种植物都悬牌标明名称、产地；饲养的动物中，鸟类种类丰富，兽类有鹿、兔、猴猿、山羊、熊鼠等；同时还有许多矿物环列在小山之上；各种佛像、古铜器、古铁器、化石陈列在各馆的周围。南通博物苑不仅是个历史文物性质的博物馆，也是自然科学性质的博物馆，还带有民俗学博物馆的特点，又兼有动物园和植物园的格局。

如今的南通博物苑，各项事业有了全新的发展，面貌焕然一新，经过全面规划和建设，总占地面积扩展为 7 万多平方米。作为历史文化保护区的北部，原有的南馆、中馆和北馆等老建筑受到完好地保护，一些毁失的早期场景将逐步得到复原；西南部开辟为新展区，新建的现代化新展馆，除布置有基本陈列外，还经常不定期地举办临时性展览；规划中的东部将建成文博景廊，南部将建成生态展示区。整个苑内新老建筑组合谐调，浓郁的文化氛围和优美的园林环境，既彰显了历史的典雅，亦洋溢着新时代的光彩。

南通大生纱厂[1]| 通扬运河

大生纱厂位于南通市唐闸镇，距南通城西北 7.5 千米之遥，紧临通扬运河（图 7-18），基本保持了清末民初的建筑风貌。2006 年 4 月国务院公布了第六批全国重点文物保护单位名单，大生纱厂作为扩展项目归入第三批全国重点文物保护单位。

图 7-18　大生纱厂与通扬运河

图片来源：根据卫星地图绘制

大生纱厂位于南通市唐闸镇。唐闸镇位于南通市港闸区的中心位置，总面积 25.96 平方公里。唐闸原为通扬运河上的一个水闸，该处水运便利，故张謇创办纱厂时选为厂址，后又建立与纱厂相配套的一系列工厂和企业。至 20 世纪初，唐闸逐步成为新兴的工业城镇。

1　范铠 . 民国南通县图志 [M]. 南京：江苏古籍出版社，1991.

杨科，范占军，徐永战 . 析通中西之南通近代建筑发展探析 [J]. 江苏建筑，2017(5)：1-4.

布拉福德・珀金斯 . 中小学建筑 [M] 舒平，许良，汪丽君，译 . 北京：中国建筑工业出版社，2005.

王小工 . 中小学校园规划设计的实践与思考 [J]. 建筑技艺，2015（9）：22-33.

栗永芹，骆高远 . 大生纱厂的文化旅游价值及开发 [J]. 科教导刊（上旬刊），2011(1)：254-256.

张謇创办大生纱厂之初，征地 400 余亩，建厂用去约 140 亩。厂房为英国工程师汤姆斯设计的仿英式砖木结构，历经 44 个月于 1899 年开车生产。张謇在纱厂办成之后又陆续创办起大隆皂厂、翰墨林印书局、广生榨油厂、资生冶厂、大达内河轮船公司等，这些都作为大生纱厂发展中必然派生出的配套企业。唐闸镇的城镇布局也因此而改变，以通扬运河为界，河西为工厂区，河东成为行政、居住、公园及仓储区，两大区块用桥梁相互连通，在功能划分中既相对独立又建立联系。

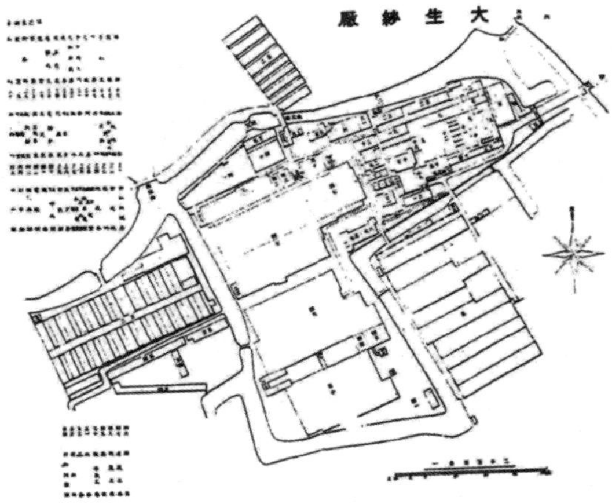

图 7-19　大生纱厂平面图

图片来源：范铠《民国南通县图志》

图 7-20　大生纱厂鸟瞰

图片来源：杨科等《祈通中西之南通近代建筑发展探析》

大生纱厂留存的历史建筑、设施仍基本保持着原有的历史面貌和格局，门类较全，主要文物建筑有钟楼、公事厅、专家楼、清花间厂房、南通纺织专门学校旧址、唐闸实业小学教学楼（图 7-19 和图 7-20）。

钟楼为大生纱厂的标志性建筑，除了计时，还具有瞭望、防火救灾的作用。钟楼前有一座码头，牌楼上“大生码头”四个字为张謇亲手所题。公事厅是大生纱厂内一幢二层砖木结构的办公楼，现为大生集团厂史陈列室，已列入市级文物保护单位。专家楼是一幢三层的小洋楼，位于公事厅的西南侧，是当年张謇为海外技术人员专门建造的，如今成为引进国外先进生产技术的历史见证。建于 1895 年的老厂房现仅存清花车间（图 7-21）。它虽然墙壁已经严重剥落，外貌十分陈旧，但仍是 19 世纪末厂房的原貌，为实业基地的重要象征。南通纺织专门学校旧址,现在大生纱厂厂区内,于 1933 年所建。现保存完好，为一幢组合式的二层楼房。南通纺织专门学校是我国第一所由工厂独立设置的纺织高等院校，反映了近代教育理论与实践相结合的特点，具有独特的历史意义。

图 7-21　大生纱厂清花车间

图片来源：杨科等《祈通中西之南通近代建筑发展探析》

大生纱厂是近代爱国者艰难探索实业救国道路的历史缩影，是中国近代发展史上的核心企业，为南通成为“中国近代第一城”奠定了基础。

泰州——人民海军诞生地[1]| 长江

泰州——人民海军的诞生地，中国水兵的母亲城。人民海军诞生地坐落于泰州市高港区白马镇，渡江战役胜利后，旧址得到有效保护，1982 年被公布为江苏省第三批文物保护单位，2006 年被公布为全国重点文物保护单位。

泰州位于长江的下游北岸，万里滚滚江水在这里拐了个“之”字形的弯，短短 20 公里长江岸线在此呈南北走向，泰州为承南启北的水陆要津，苏中门户，素有“水陆要津，咽喉据郡”之称。解放战争期间成为当时渡江战役的主阵地，中国人民解放军第三野战军司令部直属队进驻泰州城南郊外的白马庙乡，在白马庙庄里大地主王氏的小楼内设立渡江战役东线作战指挥部。

1949 年，为适应渡江战役的胜利形势，接受国民党起义投诚舰艇，奉中央军委电令，在此组建华东军区海军。渡江战役胜利后，旧址得到有效保护，1982 年被公布为江苏省第三批文物保护单位。1989 年 4 月成立专门文保所，对旧址进行了局部修缮，加筑了砖底花墙，使旧址组成完整庭院（图 7-22 和图 7-23）并正式对外开放，并于 1996 年和 1997 年相继被评为江苏省全民国防教育基地和江苏省爱国主义教育基地。旧址现有 4 个展区 6 个展室，再现了当年三野渡江指挥机关运筹帷幄、决战长江天堑的历史场景。1999 年 4 月，为纪念海军诞生 50 周年，在旧址西侧 200 米左右兴建了中国人民解放军海军诞

1　齐康 . 齐康文集 [M]. 武汉：华中科技大学出版社，2012.

卢家陵 . 艺术谱写海魂赞歌：中国人民解放军海军诞生地纪念馆实践与研究 [J]. 中国博物馆，2010(1): 4-13.

王慧芬 . 江苏博物馆指南 [M]. 南京：南京出版社，2005.

齐康 . 创意设计：齐康及其合作者建筑设计作品选集 [M]. 北京：中国建筑工业出版社，2010.

齐康 . 草图建筑 [M]. 南京：东南大学出版社，2011.

文化部文化设施建设管理中心，中国文化报社 . 中国新时期优秀文化设施图典（上）[M]. 北京：文化艺术出版社，2004.

中国人民解放军海军诞生地纪念馆官网 [EB/OL]. http: //www. hjdsd. com.

图 7-22　旧址入口

图片来源：中国人民解放军海军诞生地纪念馆官网

图 7-23　旧址庭院

图片来源：中国人民解放军海军诞生地纪念馆官网

生地纪念馆。2006 年 5 月 25 日，国务院公布“人民海军诞生地”为全国重点文物保护单位。2009 年，海军诞生地纪念馆被中宣部公布为“全国爱国主义教育示范基地”。

人民海军诞生地旧址原是当地王姓地主的住宅，诞生地原址现存大门（图 7-22）、前厅、后堂、清式二层楼房一座及平房数间。中国人民解放军海军诞生地纪念馆是一座现代化的历史展馆，中国工程院院士、东南大学建筑专家齐康教授担纲设计。其主体建筑外形似一艘即将起航的军舰，50 米长的栈桥象征人民海军 50 年的光辉历程：西南立面像一艘歌行于碧波中的巡洋舰；东南立面又似一支整装待命的海军军舰编队（图 7-24）。整个造型充分体现了海军军种特色。广场左侧竖有象征海军舰船的高桅杆，广场上陈列了一批从海军退役的飞机、雷达、机关炮。馆内陈列着泰州人民当年支援大军渡江的木船等大量实物，展示了海军诞生与成长的历史。

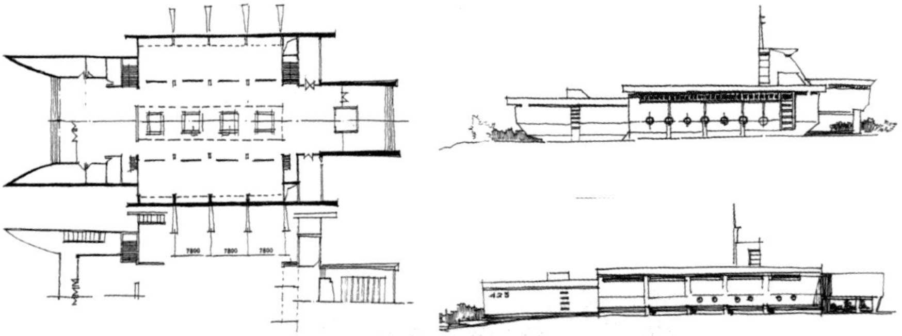

图 7-24　中国人民解放军海军诞生地纪念馆平面图、立面图

图片来源：齐康《草图建筑》

盂城驿[1]｜大运河明清故道

盂城驿是我国古代南北大动脉——京杭大运河上的一处重要驿站，位于淮阳运河高邮段东岸，是我国目前保存最好、规模最大的古代驿站遗存，现为全国重点文物保护单位。

高邮因秦始皇时“筑高台、置邮亭”而得名，西邻大运河和高邮湖，因水设街，井字形布局，水陆并行。1993 年高邮成为江苏首批省级历史文化名城，保留有大量历史街区，现尚存包括宋代城墙围合的城中、以镇区为核心的城北片和城南片区等范围，合计面积约为 2.64 万平方米。城南区域则以盂城驿为核心，包括馆驿街、运粮巷、盐仓巷、南门大街等（图 7-25）。街巷空间及尺度基本如初，传统建筑风貌和格局保存较好。

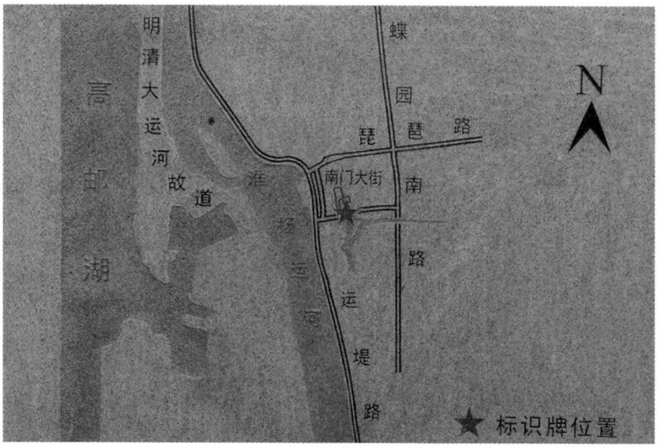

图 7-25　盂城驿位置

图片来源：作者自摄

1　曹伟，姚杰．古盂城驿：明京杭大运河河畔的聚落建筑 [J]. 中外建筑，2014(4)：10-17.
中华人民共和国国家旅游局．中国旅游景区景点大辞典 [M]. 北京：中国旅游出版社，2007.
仲玉龙．扬州国粹 [M]. 扬州：广陵书社，2015：82-83.
华德荣，仲玉龙．风流宛在：扬州文物保护单位图录 [M]. 苏州：苏州大学出版社，2017.

孟城驿开设于明洪武八年（1375），取名于秦少游“吾乡如覆盂，地处扬楚脊”诗意。明永乐年间重修，嘉靖三十六年（1557）毁于倭火，隆庆二年（1568）修复，清康熙、嘉庆、道光年间曾先后进行修建。房屋整体坐北朝南，为四排四进格局，占地面积约 3 000 平方米。

孟城驿原规模宏大，坐北朝南，有正厅五间，后厅五间，送礼房五间，库房三间，厨房三间，廊房十四间，马神庙一间，马房二十间，前鼓楼三间，照壁牌楼一座。驿北为驿丞宅，驿旁为秦邮公馆，堤上有迎宾客的皇华厅，东南有马饮塘等。孟城驿开设后不断加建，逐步形成了明清时代大运河沿线规模最大的驿站（图 7-26）。

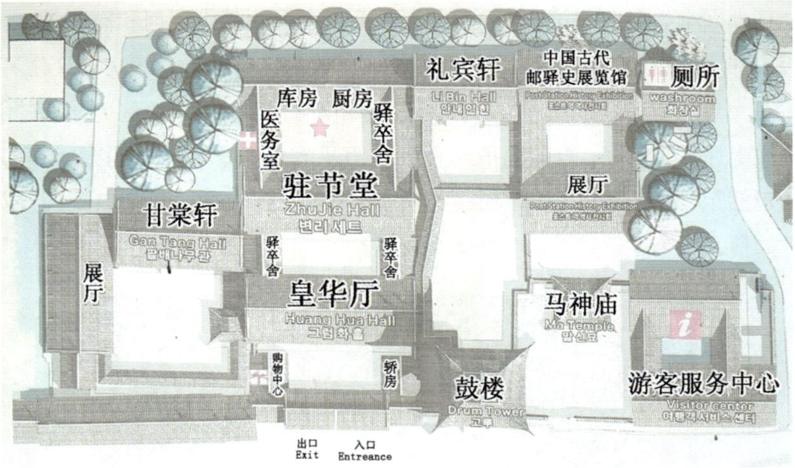

图 7-26　孟城驿平面图

图片来源：景点现状导览图

虽历经沧桑，几经波折并毁之多次，但孟城驿古风犹存，在 1995 年经东南大学潘谷西教授按照历史记录重新复原。孟城驿现有建筑大部分为新中国成立后兴建，其中驿站后厅为明代遗存，其余建筑严格按照明代风格实施建造。孟城驿建筑多为一层（图 7-27），鼓楼为三层（图 7-28）。驿站本身为官邸建筑，形制上为坐南朝北，分两条空间序列：一条为南门大街—秦邮公馆—门厅—双过厅—庭园；另一条序列为馆驿巷—照壁—驿门—正厅—后庭—库房厨房—庭园—驿丞宅。中国传统建筑进深较浅，建筑一般通过围合和庭园来解决复杂功能组织，驿站虽小但还是严格按照古代等级秩序设置。

图 7-27　盂城驿鸟瞰

图片来源：作者自摄

作为驿站重要的组成部分，鼓楼为十字脊重两层的古建筑（图 7-28），造型俊秀，形态玲珑，飞檐翘角，是驿站值更守夜、站岗瞭望、传鼓报的制高点，也是老城街区的制高点，亦是今天盂城驿的形象标志物。顶层下悬挂由该建筑设计者、东南大学教授潘谷西先生题写的“鼓楼”匾额。

图 7-28　盂城驿鼓楼

图片来源：作者自摄

皇华厅又称正厅，为五开间明代建筑，是传室政令的场所、驿站管理中心。驻节堂又称后厅，整个建筑的梁柱为明代驿站遗存，是盂城驿的精华所在，雕刻图案精巧别致，均面阔五间，进深七檩，内部梁架有精美木雕，有门厅、三间西耳房、后厅五间，正厅柱础等都保持旧貌。

总督漕运公署[1]| 里运河

漕运总督署（图 7-29）位于淮安市中心镇淮楼北侧 60 米处；始建于南宋乾道六年（1170），1988 年于原址复建门厅 9 间，现为江苏省文物保护单位。

图 7-29　总督漕运公署与运河

图片来源：根据卫星地图绘制

1　唐云俊 . 江苏文物古迹通览 [M]. 上海：上海古籍出版社，2000.

文史淮安 [EB/OL]. http: //www. wshuaian. org/show. asp?id=949.

贾珺，黄晓，刘珊珊 . 江苏上海古建筑地图 [M]. 北京：清华大学出版社，2015.

自秦汉起，朝廷所需粮食补给主要靠水路，即河运、水陆转运和海运三种形式运输，称为漕运。早期漕运的目的以为京城运送所需粮草、物资为主，但后期因统治阶级的政治需要，逐步发展成为以粮食征收、兑运、物资补给、兵丁运输为主，形成以国家政治调派为目的的一项重要政治任务，即漕政。其中又涉及诸如屯田、船制、运道、河政等诸多方面。漕运作为我国历史上重要的一项经济制度，关系到江山社稷、国家稳定。因此，漕运在封建王朝的统治阶级中，尤被重视。明清时期管理全国漕运的最高机关——总督漕运署（兼兵部侍郎或加都察院右副都御史衔时又称部院），就设立在作为中国南北运河结点的淮安府城。漕运总督官居二品（加衔总督为从一品），为掌握封建王朝兴衰命脉（漕运）的最高长官。

漕运总督设于明景泰二年（1451），都察院右佥都御史王竑同都督佥事徐恭督漕运，治通州至徐州运河任首任总督，总督漕运兼巡抚淮安、扬州、庐州三府并徐、和二州。追溯元朝，朝廷设正三品京畿都漕运司以及江淮都漕运司负责漕运，漕粮由江淮漕运司运至中滦，京畿漕运司再转运至京城大都。只因元朝时期漕运以海运为主，所以运河只占辅助地位。明朝建国后，沿袭元朝官制，设京畿都漕运司管理漕运，洪武元年，分司淮安。自燕王朱棣篡位改元永乐后，燕地逐步取代南京的地位。永乐元年（1403），诏以北平为北京，改北平府为顺天府。平江伯陈瑄充总兵官，总督海运。后仍以他董漕运，使久废的运河重新畅通，确保漕运。永乐十九年（1421）正月，朱棣在北京奉天殿受百官朝贺。乙酉，享太庙。辛卯，大祀天地于南郊。洪熙元年（1425）至宣德八年（1433），陈瑄充总兵官率舟师漕运赴北京兼镇守淮安。由此淮安城逐步成为封建王朝漕运的指挥中心。今址总督署，为明初以来由督漕官员自城内他处办公点逐步发展、移署而来。清乾隆《淮安府志·卷十一·公署》中载："明初未设文臣，以勋爵大臣督漕事，其署在旧城南府街。景泰年间，始以都御史王竑督漕务，淮安府知府程宗于平江伯陈瑄旧居建都察院。成化五年（1469），通判薛凖重修。正德十一年（1516），知府薛鎏增建。嘉靖十六年（1537），都御史周金改建于府城隍庙东察院，今之淮安卫是也。隆庆六年（1572），都御使王宗沐增旗纛神祠于正堂西偏，又立水土神祠于东厢。万历七年（1579），都御使凌云翼移治于淮安卫，是为今之总漕公署，即元廉访司署，又总管府也。乾隆四年（1739），总漕托，饬县估修大堂，苏抚陈，题准动项修理大观楼等处。

乾隆八年（1743），总漕顾，改建万松山房。”今存总督署启用于明万历七年（1579），直至清光绪三十年（1904）漕运总督裁撤，总督署废止，历经两朝四个世纪，共计 325 年。清末其旧址改作江北陆军学堂，原建筑群于 20 世纪 40 年代逐渐被拆毁。原有建筑基址大部尚存，2002 年重建其正门（图 7-30），另在其北建漕运博物馆。

现存遗址总占地面积约 2 万平方米，仍可清晰辨别仪门、大堂、二堂以及各种附属建筑的平面，还挖掘出大量的柱础、石件、瓦件及带有铭文的古砖，当年恢宏的气派依然隐约可见。

总督漕运署坐落在淮安城正中，院东街与院西街（今镇淮楼东西路）之间，长三百余米，宽一百余米，建筑高出路基一百五十公分左右，四方格局，总面积超过三万平方米，是在宋乾道六年（1170）由录事陈敏兴修的楚州州署基础上不断发展变化而来的。总督漕运署建筑多为青砖、小瓦，抬梁结构硬山式建造。署南正中即为中长街（今南门大街），跨街而建的即为有“南北枢机”之称的镇淮楼，与迎熏门同轴。清代的总督漕运署，沿袭了前朝明代的官署建筑

图 7-30　总督漕运总督府

图片来源：文史淮安

布局，建筑也因为所处时期的不同和作用的更换而有所变动和增减。总督漕运署建筑整体按体制分东、中、西三路。因地处三路交叉之地，“威仪”点缀署门外，东、西、南面各建有一面楠木制过街牌坊，且有栅栏，作为官署正门的引导。东书“总共上国”，西书“专制中原”，南面则为“重臣经理”，在牌坊之南，作为中长街之引。东西牌坊内各有一座辕门（单门牌坊）。南侧牌坊内则有一座五开间宽的巨大青砖小瓦硬山式照壁，尊于须弥座之上。砖雕镶嵌，栩栩如生。两端北侧各有旗杆一座。牌坊与辕门之间，东西南北还各建官厅三间，南门相对，东文西武。大门两旁还有鼓亭两座、一对石狮。据载石狮是元朝波斯国进贡之物，共有两对，经漕运运至北京，途经淮安之时被偷扣一对，尊于漕运总督署门前，另一对则安于天安门前，尤显威仪。此外，大门还有东西班房等建筑，组成半封闭格局，营造出威严的气氛，森严神秘，令人望而生畏。总督漕运署正门五间，抬梁硬山式，坐北朝南，其中左右各有偏房一间，大门正中悬匾“总督漕运部院”六字，十分威严。中路大门后即有二门、大堂、二堂，在二门与大堂之间的甬道上，又有单体建筑一座，即仪门。其为三开间独立式门楼，只在新官到任、迎接圣旨或举行祭典时才开启。独立仪门在古代重要的官府或者主人身份重要的建筑中常见，今存的曲阜孔府，二门后所设仪门之“重光门”完整保存至今。总督漕运署大堂是全署最为庄重、巍峨之处，也是全署建筑的中心。两侧为漕运各部办公之所，东一间为水土祠。大堂建有月台，上有望柱。巨大的大堂建筑，悬山式建造，高大巍峨，一般为总督举行重大仪式，处理重大事件、公务之处。二堂即日常办公之所，有库房且两侧均有附属。二堂后有宅门一座，此后便为官宅，有后院，上房即为“大观楼（又匾‘淮海节楼’）”，正房供长辈居住，两侧厢房为晚辈的住处。又有后厅、耳房、后院等建筑，另有一后门。在大门与二门东路箭道门后有土山一座，因植满松树，亦称万松山，山有一亭，名曰“一览”，可俯瞰全城。其后又有书吏办公处、东林书屋、正值堂、官厅等建筑以及后花园；西路有百录堂、师竹斋、来鹤轩以及众多官厅。清乾隆《淮安府志·卷十一》中还记载了当时总督署的规模：“大照壁，一座；鼓亭，二座；大门，五间；角门，三间；仪门，三间；大堂，五间；中厅，五间；东西耳房，四间；大楼，五间；后厅，五间；东西耳房，各三间；厨房，七间；东西案房，六间；书吏房，二十余间；东西皂隶房，五间；工字厅，三间；花厅，三间；亭东耳房，四间；大堂西院一宅，共十五间；东西耳房、厢房、穿廊，共三十二间；水土神祠，三间；宴宾馆，三间；司道府县厅，共九间；中军旗鼓卫官厅，共二十间；兵勇各房，三十余间；清美堂，共十五间，旧称前察院。洪武三年，知府姚斌建。隆庆五年，知府陈文烛重修，为待宾之所。后增修不一。改为笔帖式翻译处。牌坊，三座。”因此统计，总计房屋，近三百间。清光绪《淮安府志》、同治《重修山阳县志》中均有总督漕运署平面手绘图，附属建筑各时期变化、改动不一，但格局基本未有大变。整体建筑布局，用若干条纵深的轴线来安排东西中三路建筑，这些建筑全部以院落的形式来展开，每个院落当中都有成组的建筑，每栋建筑相互之间都是有主有从、有正有配，用建筑的手段，表现出封建社会中的封建礼制所要表达的那种等级和秩序。

后　　记

在江苏省水利厅副厅长张劲松带领下，江苏省水利信息中心组织了《江苏水文化丛书》第二辑的编纂工作。其中，《水与建筑》分册由李岚、李新建、孙文昀执笔，《水与音乐》分册由陈洁、张莉、孙文昀执笔，《水与书画》分册由钱水漫、商勇执笔完成初稿。陈烨、尉天骄、许浩，刘文荣、王小龙，季鹏、郭根林、刘阳分别对建筑、音乐、书画分册从内容、表述、引用等方面进行了研读和把关。

丛书第二辑精选江苏与水有关的滨水建筑、水乡音乐、碑刻书画，力求通俗易懂、深入浅出，在文献资料、调研报告等基础上进行了简化改写。以绚丽的艺术珍品讲述建筑、音乐、书画中的“水”故事，反映水乡生境对江苏地域文化的影响，展现水韵江苏文化魅力。

丛书第二辑与首辑版式一致，选择了便于携带的小开本，配以大量图表插画，使其不仅具有工具书的参考性，也具有通俗读物的可读性。此外，以全彩精美的装帧给人以审美享受，让人在阅读的休闲活动中，潜移默化地感受江苏水文化的独特韵味。

习近平总书记在中央城镇化工作会议上提出，要让城市乡村“看得见山，望得见水，留得住乡愁”。水是江苏的文脉，江苏的地域文化首先是水文化，江苏的乡愁记忆需要水文化的深入挖掘与持续建设。丛书凝聚了江苏水文化工作者、传承者的智慧与心血，希望读者朋友们能够喜欢这套书。通过阅读一个个水故事，在欣赏精美的建筑珍品、悠扬的音乐、优美的书画过程中，感知人文艺术与自然环境的内在联系，将美的意象叠入对现代水利的观照中，珍惜我们的河湖灵韵与水乡声影，建设人水和谐美丽家园。

由于编写时间紧、涉及面广，本书不足之处在所难免。欢迎读者批评指正。

本书编委会

2019 年 12 月